"十四五"国家重点出版物出版规划项目

青少年科学素养提升出版工程

中国青少年科学教育丛书

总主编　郭传杰　周德进

人与自然

廖一兰　刘小驰　编著

浙江教育出版社·杭州

图书在版编目（ＣＩＰ）数据

人与自然 / 廖一兰，刘小驰编著. -- 杭州 ： 浙江
教育出版社，2022.10（2023.12 重印）
　（中国青少年科学教育丛书）
　ISBN 978-7-5722-3195-7

　Ⅰ．①人… Ⅱ．①廖… ②刘… Ⅲ．①自然科学－青
少年读物 Ⅳ．①N49

中国版本图书馆CIP数据核字 (2022) 第036597号

中国青少年科学教育丛书
人与自然
ZHONGGUO QINGSHAONIAN KEXUE JIAOYU CONGSHU
REN YU ZIRAN

廖一兰　刘小驰　编著

策　　划	周　俊	**责任校对**	陈阿倩
责任编辑	王晨儿　严嘉玮	**责任印务**	曹雨辰
美术编辑	韩　波	**封面设计**	刘亦璇

出版发行　浙江教育出版社（杭州市天目山路40号 邮编：310013）

图文制作　杭州兴邦电子印务有限公司

印　　刷　杭州富春印务有限公司

开　　本　710mm×1000mm　　　1/16

印　　张　14.5

字　　数　290 000

版　　次　2022年10月第1版

印　　次　2023年12月第2次印刷

标准书号　ISBN 978-7-5722-3195-7

定　　价　48.00元

如发现印、装质量问题，请与我社市场营销部联系调换。联系电话：0571-88909719

中国青少年科学教育丛书
编委会

总主编：郭传杰　周德进

副主编：李正福　周　俊　韩建民

编　委：（按姓氏笔画为序排列）

马　强　沈　颖　张莉俊　季良纲

郑青岳　赵宏洲　徐雁龙　龚　彤

总序

　　高度重视科学教育，已成为当今社会发展的一大时代特征。对于把建成世界科技强国确定为 21 世纪中叶伟大目标的我国来说，大力加强科学教育，更是必然选择。

　　科学教育本身即是时代的产物。早在 19 世纪中叶，自然科学较完整的学科体系刚刚建立，科学刚刚度过摇篮时期，英国著名博物学家、教育家赫胥黎就写过一本著作《科学与教育》。与其同时代的哲学家斯宾塞也论述过科学教育的重要价值，他认为科学学习过程能够促进孩子的个人认知水平发展，提升其记忆力、理解力和综合分析能力。

　　严格来说，科学教育如何定义，并无统一说法。我认为科学教育的本质并不等同于社会上常说的学科教育、科技教育、科普教育，不等同于科学与教育，也不是以培养科学家为目的的教育。究其内涵，科学教育一般包括四个递进的层面：科学的技能、知识、方法论及价值观。但是，这四个层面并非同等重要，方法论是科学教育的核心要素，科学的价值观是科学教育期望达到的最高层面，而知识和技能在科学教育中主要起到传播载体的功用，并非主要目的。科学教育的主要目的是提高未来公民的科学素养，而不仅仅是让他们成为某种技能人才或科学家。这类似于基础教育阶段的语文、体育课程，其目的是提升孩子的人文素养、体能素养，而不是期望学生未来都成为作家、专业运动员。对科学教育特质的认知和理解，在很大程度上决定着科学教育的方法和质量。

科学教育是国家未来科技竞争力的根基。当今时代，经历了五次科技革命之后，科学技术对人类的影响无处不在、空前深刻，科学的发展对教育的影响也越来越大。以色列历史学家赫拉利在《人类简史》里写道：在人类的历史上，我们从来没有经历过今天这样的窘境——我们不清楚如今应该教给孩子什么知识，能帮助他们在二三十年后应对那时候的生活和工作。我们唯一可以做的事情，就是教会他们如何学习，如何创造新的知识。

在科学教育方面，美国在 20 世纪 50 年代就开始了布局。世纪之交以来，为应对科技革命的重大挑战，西方国家纷纷出台国家长期规划，采取自上而下的政策措施直接干预科学教育，推动科学教育改革。德国、英国、西班牙等近 20 个西方国家，分别制定了促进本国科学教育发展的战略和计划，其中英国通过《1988年教育改革法》，明确将科学、数学、英语并列为三大核心学科。

处在伟大复兴关键时期的中华民族，恰逢世界处于百年未有之大变局，全球化发展的大势正在遭受严重的干扰和破坏。我们必须用自己的原创，去实现从跟跑到并跑、领跑的历史性转变。要原创就得有敢于并善于原创的人才，当下我们在这方面与西方国家仍然有一段差距。有数据显示，我国高中生对所有科学科目的感兴趣程度都低于小学生和初中生，其中较小学生下降了9.1%；在具体的科目上，尤以物理学科为甚，下降达18.7%。2015年，国际学生评估项目（PISA）测试数据显示，我国15岁学生期望从事理工科相关职业的比例为16.8%，排全球第68位，科研意愿显著低于经济合作与发展组织（OECD）国家平均水平的24.5%，更低于美国的38.0%。若未来没有大批科技创新型人才，何谈到本世纪中叶建成世界科技强国！

从这个角度讲，加强青少年科学教育，就是对未来的最好投资。小学是科学兴趣、好奇心最浓厚的阶段，中学是高阶思维培养的黄金时期。中小学是学生个体创新素质养成的决定性阶段。要想30年后我国科技创新的大树枝繁叶茂，就必须扎扎实实地培育好当下的创新幼苗，做好基础教育阶段的科学教育工作。

发展科学教育，教育主管部门和学校应当负有责任，但不是全责。科学教育是有跨界特征的新事业，只靠教育家或科学家都做不好这件事。要把科学教育真正做起来并做好，必须依靠全社会的参与和体系化的布局，从战略规划、教育政策、资源配置、评价规范，到师资队伍、课程教材、基地建设等，形成完整的教育链，像打造共享经济那样，动员社会相关力量参与科学教育，跨界支援、协同合作。

正是秉持上述理念和态度，浙江教育出版社联手中国科学院科学传播局，组织国内科学家、科普作家以及重点中学的优秀教师团队，共同实施"青少年科学素养提升出版工程"。由科学家负责把握作品的科学性，中学教师负责把握作品同教学的相关性。作者团队在完成每部作品初稿后，均先在试点学校交由学生试读，再根据学生反馈，进一步修改、完善相关内容。

"青少年科学素养提升出版工程"以中小学生为读者对象，内容难度适中，拓展适度，满足学校课堂教学和学生课外阅读的双重需求，是介于中小学学科教材与科普读物之间的原创性科学教育读物。本出版工程基于大科学观编写，涵盖物理、化学、生物、地理、天文、数学、工程技术、科学史等领域，将科学方法、科学思想和科学精神融会于基础科学知识之中，旨在为青少年打开科学之窗，帮助青少年开阔知识视野，洞察科学内核，提升科学素养。

"青少年科学素养提升出版工程"由"中国青少年科学教育丛书"和"中国青少年科学探索丛书"构成。前者以小学生及初中生为主要读者群，兼及高中生，与教材的相关性比较高；后者以高中生为主要读者群，兼及初中生，内容强调探索性，更注重对学生科学探索精神的培养。

"青少年科学素养提升出版工程"的设计，可谓理念甚佳、用心良苦。但是，由于本出版工程具有一定的探索性质，且涉及跨界作者众多，因此实际质量与效果如何，还得由读者评判。衷心期待广大读者不吝指正，以期日臻完善。是为序。

2022 年 3 月

目录

● 第 7 章　3S 技术

第 1 章

大气

地球大气的由来

　　地球大气就是包围地球的空气，是地球自然环境的重要组成部分之一。大气为地球生命的繁衍和人类发展提供理想的环境，它的状态和变化也时刻影响着人类的活动与生存。那么地球大气层是如何形成的呢？一般认为，地球大气层是地球形成和演化的产物，其演化大致经历了原始大气、次生大气和今日大气三个阶段。

图 1-1　地球大气

原始大气阶段

　　大约在 46 亿年前，地球大气伴随着地球的诞生而神秘地"出世"了，也就是拉普拉斯所说的星云开始凝聚时，地球周围就已经包围了大量的气体。原始大气的主要成分是氢和氦。当地球形成以后，地球内部放射性物质不断衰变，进而引发能量转换。这种转换对于地球大气的维持和消亡都是有作用的，再加上太阳风的强烈作用和地球刚形成时的较小引力，使得原始大气很快就消失了。

次生大气阶段

地球形成以后，由于温度下降，地球表面发生冷凝现象，而同时地球内部的高温又促使火山频繁活动。火山爆发时所形成的挥发气体，逐渐代替了原始大气，而成为次生大气。次生大气的主要成分是二氧化碳、甲烷、氮气、硫化氢和氨等一些相对分子质量比较大的气体。这些气体和地球的固体物质之间，互相吸引，互相依存，因此，气体没有被地球的离心作用所抛弃，而成为次生大气，为地球大气带来了第二次生命。

今日大气阶段

关于今日大气的来源，目前主要有两种说法：一种说法认为今日大气是从地球原始大气演化而来的；另一种说法则认为原始大气已经不存在了，今日大气是由地球内部火山活动所喷发出的物质演化成的。但是不管从何而来，今日大气有了氧，这就为地球上生命的出现提供了极为有利的"温床"。经过几十亿年的分解、同化和演变，生命终于在地球上诞生了。原始的单细胞生命，在大气所编织的"摇篮"中，不断地演变、进化，终于发展成了今天主宰世界文明的高级生命，人类。

今日大气是由多种气体组成的混合物，主要成分是氮气，其次是氧气，另外还有一些其他的气体，但数量极其微小。今日大气中之所以有这么多氮气，和氮气的本身特性有关。

氮气的化学性质很不活跃，不太容易与其他物质化合，而且在水中的溶解度也很低，在0℃时，仅相当于二氧化碳的七十分之一，所以它大多以游离状态存在于大气中。大气中的氧气主要来源于陆上植物和海洋的浮游生物的光合作用。由于海洋面积巨大，海洋中的藻类植物每年能制造出360亿吨氧气，提供地球70%的氧气，因此海洋才是真正的制氧气大户。另外，在今日大气中，二氧化碳也占了很大的分量。由于光合作用，大量的碳被用来构成生物体，而另外一部分碳溶解于海洋，成为海洋生物生长所需的一种物质。当今日大气中的二氧化碳变多时，溶解到海洋水体中的二氧化碳就相对增多了。

综上所述，今日大气的成分是地球长期演化的结果，也是和水圈、生物圈、岩石圈进行充分的物质循环的结果，而且今日大气成分还在不断循环之中，这个过程基本是平衡的、稳定的，在短时期内并不会有明显的变化。

大气流动

大气为什么会运动

大气一直在运动变化，风是大气运动最为常见的一种表现形式。大气运动分为垂直运动、水平运动和不规则的乱流运动。其能量来源于太阳辐射，由于地球形状为球形以及下垫面性质存在差异，各地获得的太阳辐射能不同。受热地区近地面空气膨胀上升，较冷地区近地面空气收缩下沉，这是大气的垂直运动。上升、下沉运动使同一水平面的大气存在气压差，从而产生水平气压梯度力。在水平气压梯度力作用下，大气从高压区流向低压区，这是大气的水平运动。大气运动使地球上海陆之间、南北之间、地面和高空之间的能量和物质不断交换，形成复杂的气象变化和气候变化。

气压怎样作用于风

17世纪气压表的出现，指出空气有质量因而有压力这个事实，这为人们揭示风的奥秘提供了钥匙。19世纪初，有人根据各地气压与风的观测资料，画出了第一张气压与风的分布图。这张图不仅显示了风从气压高的区域吹向气压低的区域，而且还指明了风的行进路线并不直接从高气压区吹向低气压区，而是一个向右偏斜的角度。

风为什么会从高气压区吹向低气压区？为什么风在吹向低气压区的同时会向右偏斜？风为什么有时迅猛且强劲，有时却非常微弱？要弄清这些问题，得先了解一些关于气压分布的知识。

气压分布图和表示地势起伏的等高线地形图十分相像：高压中心和低压中心好比山峰和谷底，高压脊和低压槽犹如山脊和山坳，而等压线就像表示海拔的地形等高线。

等压线的分布有疏有密，等压线的疏密程度表示了单位距离内气压差的大小，即气压梯度，等压线愈密集，表示气压梯度愈大。这和等高线地形图上的地形等高线的疏密分布表示坡度的平陡也有相似之处。如果在斜坡上造起每级高度相等的石阶梯，每一石级相当于一条地形等高线，那么斜坡的坡度愈大，石级的间

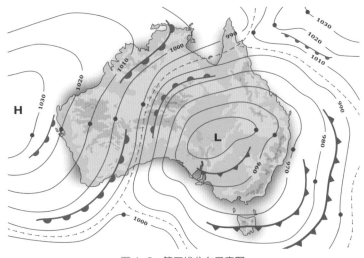

图 1-2　等压线分布示意图

隔距离便愈短，地形等高线愈密集，而平坦的坡度相应的地形等高线愈稀疏。既然气压分布图上的等压线可以类比为地形分布图上的等高线，那么气压梯度也就好比石阶梯的坡度了。

气压梯度力可分为垂直气压梯度力和水平气压梯度力。垂直气压梯度力有重力与它相平衡，而水平气压梯度力使空气从高压区流向低压区。气压梯度是如何促使空气产生运动的呢？这可以拿江河中的水流来打比方。水从高处流向低处，是因为高处的水和低处的水存在着水位差，从而使两点之间发生了重力差异，高处所受水柱重力显然要大于低处。于是便产生了从上游压向下游的旁压力，水就在这种旁压力的作用下顺着倾斜河床从上游流向下游，从高处流向低处。两地间水位差愈大，其重力差异也愈大，水就流得愈快。

在空气的"海洋"里也有"水位差"——气压差，即两地间存在着气压梯度。计量水位差用米为单位，计量气压差则用百帕为单位。两把尺子不一样，但水和空气都是流体，又都有质量，水平方向上两地的水或空气如果存在重力的差异，就都会产生由重力大的地方指向重力小的地方的旁压力。从这个意义上看，情况又都相像：水受到旁压力的作用，从高处流向低处，水位差愈大，流速愈快；而空气也在旁压力的推动下，从气压高处流向气压低处，从而产生了风。两地间气压差愈大，即气压梯度愈大，空气就流得愈快，风也刮得愈起劲。

台风及其形成

台风是指亚洲太平洋国家或地区对热带气旋的一个分级。在气象学上，按世界气象组织的定义，热带气旋低层中心持续风速达到 12 级被称为飓风。西北太平洋地区采用飓风的近义词台风。

广义上而言，"台风"这个词并不是一种热带气旋强度。在我国台湾、日本等地，将中心持续风速每秒 17.2 米或以上的热带气旋，包括世界气象组织定义的热带风暴、强热带风暴和台风，称为"台风"。在非正式场合，"台风"甚至泛指热带气旋本身。当西北太平洋的热带气旋达到热带风暴的强度，区域专责气象中心日本气象厅会对其进行编号及命名，名称由联合国亚洲及太平洋经济社会委员会和世界气象组织台风委员会的 14 个成员国家和地区提供。

据美国海军和美国空军的联合台风警报中心统计，1959 年至 2004 年间，西北太平洋及南海海域平均每年生成 26.5 个台风，台

图 1-3　台风

风生成最多的月份是 8 月，其次是 7 月和 9 月。科学家曾估算，一个中等强度的台风所释放的能量相当于上百个氢弹或 10 亿吨 TNT 炸药所释放能量的总和。

那么，台风的结构及其带来的影响是什么样的呢？

台风本身就是一个强大且具破坏力的气旋性旋涡，发展成熟的台风，其底层按辐合气流大小分为三个区域：

①外圈，又称为大风区。自台风边缘到涡旋区外缘，半径 200 ～ 300 千米，其主要特点是风速向中心剧增，风力可达 6 级以上。

②中圈，又称涡旋区。从大风区边缘到台风眼壁，半径约 100 千米，是台风中对流和风、雨最强烈的区域，破坏力最大。

③内圈，又称台风眼区。半径 5 ～ 30 千米。多呈圆形，风速迅速减小或静风。

国际惯例依据台风中心附近最大风力将台风分为：热带低压，最大风速 6 ～ 7 级；热带风暴，最大风速 8 ～ 9 级；强热带风暴，最大风速 10 ～ 11 级；台风，最大风速 12 ～ 13 级；强台风，最大风速 14 ～ 15 级；超强台风，最大风速 ≥ 16 级。

在西太平洋海面上生成的台风，会受大气中天气系统和本身内力的影响，不断向偏西方向移动，朝着我们居住的陆地袭来。台风带来的强风、暴雨和风暴潮肆无忌惮地在沿海地区摧毁建筑，淹没农田。当台风的中心到达陆地时，我们称之为台风登陆。

登陆后的台风受到陆地摩擦，能量供给迅速减小，强度也快速减弱。但也有些台风，由于得到环境场中的能量供给，可以延续多日，它们的影响甚至可以深入我国河南、山西等省份。

图 1-4　台风灾害后的场景

天气和气候的区别

　　地球大气经常在运动和变化着，因此，人们看到的天气现象总是处在千变万化之中。有时晴空万里，风和日丽；有时阴云密布，风狂雨骤，具有瞬息万变的特征。天气就是指一个地方在短时间内的气温、气压等气象要素及其所引起的风、云、雨等大气现象的综合状况。

　　天气是瞬息万变的，但它的变化是有一定规律的。在大气运动过程中，不同性质气团的矛盾斗争，形成不同的天气系统，而每种天气系统都具有一定的天气特点。因此，掌握天气系统的演变和气团的移动规律，就能分析出未来的天气变化，也就是天气预报。

气候是指某一地区多年的和特殊的年份偶然出现的天气状况的综合。气候和天气有密切关系：天气是气候的基础，气候是对天气的概括。一个地方的气候特征是通过该地区各气象要素（气温、湿度、降水、风等）的多年平均值及特殊年份的极端值反映出来的。例如，北京的气候：一月份平均气温是 $-4.7℃$，七月份平均气温是 $26.1℃$，最低气温纪录是 $-22.8℃$（1951 年 1 月 13日），最高气温纪录是 $42.6℃$（1942 年 6 月 15 日）；年平均降水量636.8 毫米，夏季降水量占全年降水量的 74%。概括来说，北京的气候特征是冬季寒冷干燥，夏季高温多雨。天气与气候概念不同，气候主要是指气象因素的长期平均状态，而天气则是指瞬间或短期的气象特点的综合状况。

气候是一种复杂的自然现象，是自然地理诸要素中一个最重要、最活跃的要素，气候条件不仅决定着土壤、植被类型的形成，改变着地表形态，也影响人类的活动。各项生产建设活动和国防建设都要考虑气候的影响。气候是一种自然资源，可以供人类利用，为人类造福，但是气候有时也会给人类带来灾害。

全球各地气候有差异，且类型多样而复杂。全球从南向北，不同的纬度有不同的气候带。它们基本上沿纬向排列，呈带状分布。另外，由于所处的海陆位置不同，在同一纬度的大陆东、西岸和内陆可以出现不同类型的气候。例如，地中海地区和我国长江流域几乎处于同一纬度带，但一个在大陆的西岸，一个在大陆的东岸，地中海地区冬湿夏干，而我国长江流域却冬干夏湿。这些差异使气候的纬度地带性分布遭到破坏，呈现出非地带性分布。即使在同一纬度、同一地区，由于山地、高原、森林、沙漠等下垫面性质的不同，又有山地气候、高原气候、森林气候、沙漠气候之分。"一山有四季，十里不同天""南枝向暖北枝寒，一种春风有两般"等谚语，就是山地气候的生动写照。

地球气候变化的前世今生

大冰期与气候变化

关于地球远古时代的气候，由于太久远，因此我们的认识非常有限。

地球大约诞生于46亿年前，地球上充满了原始大气，并且逐渐减少；从46亿年前开始，地球进入地质时期，逐渐产生次生大气；大约在30亿年前，地球上出现生命，并开始改造地球大气；到寒武纪，大气才被生物改造成现在这个样子。但是，对于古生代以前的古气候，我们几乎一无所知，直到古生代，古气候状况才逐渐清楚起来。

我们大体上已经知道，地球在地质时期反复经历了几次大冰期，其中从古生代以来，就有三次大冰期。分别是震旦纪大冰期、古炭纪—二叠纪大冰期和第四纪大冰期。大冰期之间是比较温暖的间冰期。每两次冰期之间，大约是 2 亿～ 3 亿年。

图 1-5　冰河时代

为什么有这样长的周期

一种意见认为，可能与造山运动有关系。地质上的大造山运动，往往使地面起伏程度加大，全球变冷。因为山脉越高，引起大气的热机效率就越高，上升运动增强，云雨增多，反射率增大，地面接收的太阳辐射能减少，地表变冷。

三次大冰期与地质时期三次强烈的造山运动是相对应的。震旦纪大冰期产生在元古代末地壳运动以后，石炭纪—二叠纪大冰期与海西运动相对应，第四纪大冰期与喜马拉雅运动相对应。这不是偶然的，现在喜马拉雅山还在抬升，造山运动并未停止，所以第四纪大冰期还远未结束。现在喜马拉雅运动还不到 7000 万年，第四纪大冰期还只是 200 多万年，所以这次大冰期还会延续下去，至少还要持续 1 万～2 万年。

另一种意见认为，地质历史上的大冰期和大间冰期，是由于地球的黄道倾斜的大波动造成的。这种观点认为，黄道倾斜的范围是在 0°至 54°之间，黄道倾斜大的时期代表着冰川流行的时期，在三次大冰期期间，黄道倾斜曾有过 10°～23.5°的变化。

那么，造山运动为什么会有 2 亿～3 亿年的周期呢？地球黄道倾斜为什么也会有 2 亿～3 亿年的波动呢？澳大利亚学者威廉斯认为，这种位置变化与地球在银河系的位置有关系。因为地球不停地绕太阳公转，整个太阳系也绕着银河系中心公转，这样转一圈太阳系又回到原来位置的时间约为 2.5 亿年。

链接

造山运动

造山运动是指一定地带内的地壳物质受到水平方向挤压力作用、岩石急剧变形而大规模隆起形成山脉的运动。造山运动常发生在地槽区，发生和完成的时间短，其状呈狭长条带。

第四纪大冰期的气候变化

我们现在正处于第四纪大冰期中，其实，第四纪大冰期中的气候也有很大的变化，曾经出现过几次亚冰期和亚间冰期，变化的时间短则几千年，长则几万年甚至十几万年。

20 世纪初，地质学家根据阿尔卑斯山区的资料，确定那里存在四次亚冰期的痕迹，分别是群智亚冰期、民德亚冰期、里斯亚冰期和武木亚冰期，在这些亚冰期之间是亚间冰期。此后在北欧、北美、亚洲等地也纷纷找到了对应的亚冰期。在我国对应的亚冰期是都阳亚冰期、大姑亚冰期、庐山亚冰期和大理亚冰期。

在第四纪大冰期中，仍然有寒冷期和温暖期的更替。在寒冷时期，雪线高度下降，冰川前进，出现亚冰期，其中以民德（我国为大姑）亚冰期和里斯（我国为庐山）亚冰期的冰川规模最大，群智亚冰期冰川规模最小。在温暖时期，气温升高，雪线高度上升，冰川退缩，出现亚间冰期。民德—里斯（大姑—庐山）亚间冰期长达 17 万～ 18 万年。在第四纪大冰期，高纬度地区气温的急剧下降，导致两极地区形成永久冰盖；在亚冰期，冰川一直伸展到中纬度，在亚间冰期才退缩到高纬度。

根据科学研究发现，从亚间冰期向亚冰期过渡时，气候常呈渐变形式，其间没有清楚的分界线。从亚冰期向亚间冰期过渡时，气候常呈突变形式，两者之间有明确的分界线。科学家们称为终止线。在距今 1.1 万年前后出现了一条终止线，标志着最近一次亚冰期结束，随之而来的是一次新的亚间冰期，气候由冷变暖。

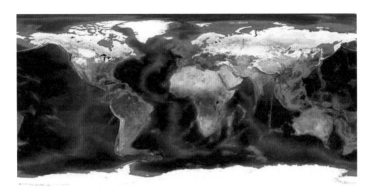

图 1-6　第四纪大冰期全球冰川覆盖情况

　　在第四纪大冰期中，为什么会有亚冰期和亚间冰期的更替呢？

　　按照南斯拉夫气候学家米兰科维奇在 20 世纪 30 年代提出的理论，是由于地球轨道三要素的自然小波动造成的。地球轨道三要素是指地球轨道的偏心率、地轴的倾斜度和春分点的位置。

　　地球绕太阳公转的轨道是一个椭圆，太阳位于椭圆的一个焦点上。这样，地球处在轨道的不同位置，距离太阳的远近就不相同，获得的太阳辐射能就有差异，如冬季在远日点，夏季在近日点，冬季寒冷而漫长，夏季炎热而短促。地球轨道现在的偏心率是 0.017，但是偏心率可以在 0.001 至 0.054 的范围内变动，它的变动周期约为 96000 年。偏心率的变化影响日地距离，从而影响太阳辐射强度，导致地球上的气候发生变化。

　　地球在春分点处于地球公转轨道上的什么位置，将影响季节的起止时间，也会使近日点和远日点的时间发生变化。地球在春分点的位置沿着地球公转轨道向西缓慢地移动，大约每 21000 年，春分点的位置在地球公转轨道上移动一周。春分节气的时间，每隔 70 年就要推迟一天。现在北半球夏季远日，冬季近日，夏季比冬季长 8 天。大约 10000 年后，就会变成冬季远日，夏季近日，冬季反而会比夏季长 8 天。就是说，不太冷而且短促的冬季，将会变成寒冷而漫长的冬季。

地轨倾斜又称黄赤交角，是地球上产生四季变化的原因。地轨倾斜度的变化，会导致回归线和极圈的纬度发生变化，从而改变地球上的季节。地轨倾斜使回归线在纬度 22.1°～ 24.4°之间变化，使极圈在纬度 67.9°～ 65.76°之间变化。变动的时间周期为 41000 年。地轨倾斜度增大时，回归线纬度升高，极圈纬度降低，高纬度的年太阳辐射总量增加，冬寒夏热，气温年较差增大，低纬度的年太阳辐射总量减少。地轨倾斜度减小时，回归线纬度降低，极圈纬度升高，高纬度的年太阳辐射总量减少，冬暖夏凉，气温年较差减少。夏季温度低更有利于冰川发展。

历史时代的气候变化

从第四纪更新世晚期，距今约 1.1 万年前后开始，地球从第四纪大冰期中的最近一次亚冰期进入现代的亚间冰期，人们也称之为冰后期。关于这段时期的气候，挪威的冰川学家曾做出近 10000 年来的雪线升降图，说明雪线升降幅度并不小，表明冰后期以来，气候有明显的变化。我国对此也有悠久的历史记载，竺可桢将这些记载加以整理分析，发现我国 5000 多年来的气候交替出现过 4 次温暖期和 4 次寒冷期。

在公元前 3000 年至公元前 1000 年左右，即从仰韶文化时代到安阳殷墟时代，是第一个温暖期，这个时期大部分时间的年平均温度比现在高 2℃左右，最冷月温度约比现在高 3 ～ 5℃。

从公元前 1000 年左右到公元前 850 年（周代初期），有一个短暂的寒冷期，年平均气温在 0℃以下。

从公元前 770 年到公元初年（东周、秦汉时期），又进入一个新的温暖时期。

从公元初年到 600 年（东汉、三国两晋南北朝时期），进入第二个寒冷时期。

从 600 年到 1000 年（隋唐时期）是第三个温暖期。

从 1000 年到 1200 年（宋代）是第三个寒冷期，温度比现在要低 1℃左右。

从 1200 年到 1300 年（宋末元初）是第四个温暖期，但是这次不如隋唐时温暖，表现在大象的生存环境，逐渐由淮河流域移到长江流域以南，如浙江、广东、云南等地。

在 1300 年以后（明、清时期）是第四个寒冷期，温度比现在要低 1 ～ 2℃。

近 5000 年来，虽然寒冷期与温暖期交替出现，但是总的趋势是由温暖向寒冷变化，寒冷期一次比一次长，一次比一次冷。在第二个寒冷期，只有淮河在 225 年有封冻。而在第四个寒冷期的 1670 年，长江几乎都封冻了。

有趣的事情是，挪威冰川学家用雪线高度表示气温升降，而竺可桢借助历史文献记载资料分析，结果却十分一致，说明冰后期以来的气候变化具有全球的普遍性，绝对不是一种巧合。

近代的气候变化

从 1850 年农业机械化开始，近 100 多年来的气候变化，我们称之为近代气候变化。近百年来气候变化的基本趋势是：1961 年以后的世界气候与 20 世纪前半期相比有显著不同，而与 19 世纪后半期相类似。从 19 世纪末期开始，到 20 世纪 40 年代，是世界气候增暖时期，增暖的趋势在 20 世纪 40 年代达到顶峰，以后温度下降，20 世纪 60 年代后变冷更加明显，这次变化很可能是近 10000 年来的一次气候振动。

这种振动可以从大气环流变化中得到解释。根据英国气候学家拉姆巴的说法，从 1895 年开始，世界环流突然由经向环流占优势，转变为纬向环流占优势。从此，纬向环流不断加强，到 1940 年前后达到鼎盛时期；随后，纬向环流又逐渐减弱，经向环流又逐渐加强，到 1961 年前后，纬向环流显著减退，重新恢复成为经向环流占优势。

在纬向环流强盛时期，气旋性活动增强，行星风系影响加剧，南北半球的气候带向两极方向移动；在纬向环流衰弱时期，反气旋性活动加强，季风发达，南北半球高低纬度之间气流交换频繁，地球上的气候带向赤道方向移动。可见，世界环流形式的改变，对全球性气候变化的影响多么巨大。

一氧化氮、氯氟碳化物（俗称氟利昂）对地面气候都有温室效应，所以人们称之为温室气体。人类活动排放的温室气体，使大气的温室效应增强，导致整个地球气温升高。自从工业革命以来，大气中二氧化碳含量上升 25%，甲烷上升 160%，一氧化二氮上升 8%。这些气体在大气中可以长期停留，使温室效应不断增强。地球增暖，将使海洋变暖，南极大陆和格陵兰冰盖融化，海平面上升。由于工农业发达、人口稠密的城市，多分布在沿海地区，海平面上升会给人类带来严重的灾难。我国的所有海滨地带，都在遭受灾害的范围内，主要受灾地区可能是华北平原、长江三角洲和珠江三角洲地区。

气候变化对人类的影响

人类影响气候，气候也影响人类。短时间的气候变化，特别是极端的异常天气，如干旱、洪涝、冻害、冰雹、沙暴等，往往会造成严重的自然灾害，足以给人类社会带来毁灭性的打击。比如，1943 年孟加拉地区的暴雨灾害，引起了 20 世纪最大的饥荒，300 万～ 400 万人饿死；1968—1973 年非洲干旱是非洲人民的一次大灾难，使得乍得、尼日尔、埃塞俄比亚的牲口损失 70%～ 90%，仅在埃塞俄比亚的沃洛省就有 20 万人饿死。当然，这种打击往往是短暂的、局部的，虽然不至于影响生态系统，但会对人类造成十分大的损害。

长期的气候变化，即使变化比较缓慢，也会使生态系统发生本质性的改变，使生产布局和生产方式发生转变，从而影响人类社会的经济生活。

例如，在公元前 3000—前 1000 年的温暖时期，竹类植物在黄河流域到东部沿海都有广泛分布；安阳殷墟发现有水牛和野猪等热带亚热带动物；甲骨文记载打猎时获得一象，表明殷墟的化

图 1-7　1943 年孟加拉大饥荒

石象是土产的，河南原称豫州，"豫"就是一个人牵着大象的标志。商周时代，梅子是北方人重要的日常食品。《尚书·说命下》说："若作和羹，尔惟盐梅"，可见当时梅子是和盐一样重要的食品，是做菜不可缺少的佐料。《诗经》说："终南何有，有条有梅。"终南山在西安之南，宋代以来就无梅了，陕西、山西等地人只好用醋代替梅。

秦汉时期气候也比较温暖，《史记·货殖列传》记载当时经济作物的地理分布是"桔之在江陵，桑之在齐鲁，竹之在渭川，漆之在陈夏"。可知当时亚热带植物的生长地界比现在更加偏北。

由于气候变化直接影响农作物的地理分布，必然会影响以农产品为原料的工业布局。例如，在先秦到西汉以前，我国丝织业布局是北丝南麻，丝织业绝大部分在黄河中下游和冀中平原，当时最大的丝纺业中心在河北定县，其他较小的中心也都在河北、河南和山东一带，长江流域及南方各地则主要生产麻织物；西汉时期，蜀中仅以产麻布出名。虽然在东汉到魏晋以后，中原地区战乱频繁，经济剧烈下滑，南方各地社会生活则相对安定，丝织业有所发展，可是北丝南麻的布局一直维持到隋唐时期。从气候变迁情况看，至隋唐时期，虽然气候也有变化，但是平均气温仍暖于现代，可见丝绸之路出现在北方是有原因的。

北丝南麻布局的改变发生在宋代。由于气候变冷，气温已低于现代，北方不利于桑蚕的生产养殖，再加上唐末五代时北方战乱，南方经济上升，丝织业规模逐渐超过北方。北宋时，镇江、三台已成为全国丝织业中心。南宋时，南京、常州、镇江、苏州都拥有庞大的丝织业生产能力。丝织业重心南移，正值我国气候由温暖向寒冷转变的时期，这是值得我们研究的。

气候变迁对农业耕作也有影响，孟子（公元前 372—前 289 年）和荀子（公元前 313—前 238 年）都说，在他们那个时候，齐、鲁（河北、山东一带）农业种植可以一年两熟。而这些地方直到中华人民共和国初期，还只习惯于两年三熟。唐朝时生长季也比现在长，《蛮书》（约成书于 862 年）说，曲靖州以南，滇池以西，一年收获两季作物，八月获稻，三月四月收大麦。而这些地方现代由于生长季缩短，不得不种豌豆和蚕豆，以代替小麦和大麦。这种历史经验仍有现实意义。例如，如果气候变暖，就可以考虑双季稻向高纬度、高海拔区域扩展；如果气候变冷，就得采取措施，向南种植以缩短水稻的生长时间。

二十四节气

　　二十四节气是指中国农历中表示季节变迁的 24 个特定节令，是根据地球在黄道（即地球绕太阳公转的轨道）上的位置变化而制定的，每一个分别对应地球在黄道上每运动 15°所到达的位置。二十四节气是中国先秦时期开始订立、汉代完全确立的用来指导农事的补充历法，是通过观察太阳周年运动，认知一年中时令、气候、物候等方面变化规律所总结的。它把太阳周年运动轨迹划分为 24 等份，每一等份为一个节气，始于立春，终于大寒，周而复始。它既是历代官府颁布的时间准绳，也是指导农业生产的指南针，是日常生活中人们预知冷暖雪雨的温度计，是我国劳动人民长期经验的成果积累和智慧结晶。

　　立春：二十四节气的第一个节气。其含义是开始进入春天，"阳和起蛰，品物皆春"，过了立春，万物复苏，生机勃勃，一年四季开始了。

　　雨水：这时春风遍吹，冰雪融化，空气湿润，雨水增多。人们常说："立春天渐暖，雨水送肥忙。"

　　惊蛰：立春以后天气转暖，春雷开始震响，蛰伏的各种冬眠动物苏醒了，开始活动，所以叫惊蛰。这个时期过冬的虫卵也要开始孵化。我国部分地区进入了春耕时节。谚语云："惊蛰过，暖和和，蛤蟆老角唱山歌。""惊蛰一犁土，春分地气通。""惊蛰没到雷先鸣，大雨似蛟龙。"

春分：春季 90 天的中分点，这一天南北两半球昼夜相等，所以叫春分。这天以后太阳直射点向北移，北半球昼长夜短。所以春分是北半球春季的开始，我国大部分地区越冬作物进入春季生长阶段。各地农谚有："春分在前，斗米斗钱。"（广东）"春分甲子雨绵绵，夏分甲子火烧天。"（四川）"春分有雨家家忙，先种瓜豆后插秧。"（湖北）"春分种菜，大暑摘瓜。"（湖南）"春分种麻种豆，秋分种麦种蒜。"（安徽）

清明：气候清爽温暖，草木始发新枝芽，万物开始生长，农民忙于春耕春种。古代，在清明节这一天，有些人家会在门口插上杨柳条，还到郊外踏青，祭扫坟墓。

谷雨：就是雨水生五谷的意思，由于雨水滋润大地，五谷得以生长，所以，谷雨就是"雨生百谷"。谚云："谷雨前后，种瓜种豆。"

立夏：夏季的开始，万物生长旺盛。习惯上把立夏当作气温显著升高，炎暑将临，雷雨增多，农作物进入旺季生长期的一个重要节气。

小满：大麦、冬小麦等夏收作物已经结果，籽粒饱满，但尚未成熟，所以叫小满。

芒种："芒"指大麦、小麦等有芒作物的种子已经成熟，将要收割；"种"指晚谷、黍、稷等夏播作物正是播种最忙的季节。芒种前后，我国长江中下游地区雨量增多，气温升高，进入连绵阴雨的梅雨季节，空气潮湿，天气异常闷热，各种器具和衣物容易发霉，所以也叫"霉雨"。

夏至：阳光直射北回归线上空，北回归线以北地区正午太阳位置达到最高。这一天是北半球白昼最长、黑夜最短的一天，从这一天起，进入炎热季节，天地万物在此时生长最旺盛。所以古时候又把这一天叫作日北至，意思是太阳运行到最北的一日。过了夏至，太阳逐渐向南移动，北半球白昼一天比一天缩短，黑夜一天比一天加长。

小暑：天气已经很热了，但还不到最热的时候，所以叫小暑。此时，已是初伏前后。

大暑：一年中最热的节气，正值二伏前后，长江流域的许多地方经常出现 40℃高温天气，要做好防暑降温工作。俗话说"小暑、大暑，淹死老鼠"，这个节气雨水多，要注意防汛防涝。

立秋：从这一天起秋天开始，秋高气爽，月明风清。此后，气温由最热逐渐下降。

处暑：这时夏季火热已经到头了，暑气就要散了。它是温度下降的一个转折点，是天气变冷的象征，表示暑天结束。

白露：天气转凉，地面水汽结露。

秋分：这一天同春分一样，阳光直射赤道，全球昼夜平分。从这一天起，太阳直射点由赤道向南半球推移，北半球开始昼短夜长。依我国旧历的秋季论，这一天刚好是秋季 90 天的中分点，因而称秋分。但天文学上规定，北半球的秋天是从秋分开始的。

寒露：白露后，天气转凉，开始出现露水，且气温更低了。所以，有人说，寒是露之气，先白而后寒，是气候将逐渐转冷的意思。

霜降：天气已冷，开始有霜冻了，所以叫霜降。

立冬：我国人们习惯上把这一天当作冬季的开始。冬，作为终了之意，是指一年的田间劳作结束了，作物收割之后要收藏起来的意思。立冬一过，北方地区即将结冰，我国各地农民都将陆续地转入农田水利基本建设和其他农事活动中。

小雪：气温下降，开始降雪，但还不到大雪纷飞的时节，所以叫小雪。小雪前后，黄河流域气温开始下降，温度到了可以降雪的程度，但由于地表温度不够低，因此雪量很小；而北方，已进入封冻季节。

大雪：大雪前后，黄河流域一带渐有积雪；而北方，已是"千里冰封，万里雪飘"的严冬了。

冬至：这一天，阳光直射南回归线，北半球白昼最短，黑夜最长，开始进入数九寒天。天文学上规定这一天是北半球冬季的开始。而冬至以后，太阳直射点逐渐向北移动，北半球的白天逐渐变长，谚云："吃了冬至面，一天长一线。"

小寒：小寒以后，开始进入寒冷季节。冷气积久而寒，小寒是天气寒冷但还没有到极点的意思。

大寒：就是天气寒冷到了极点的意思。大寒前后是一年中最冷的时候。大寒时值三九刚过，四九之初，正值天寒地冻，谚云："三九四九冰上走。"

大寒以后，立春接着到来，天气渐暖。至此，地球绕太阳公转了一周。我国劳动人民编写了二十四节气歌，便于记忆："春雨惊春清谷天，夏满芒夏暑相连。秋处露秋寒霜降，冬雪雪冬小大寒。每月两节不变更，最多相差一两天。上半年来六廿一，下半年是八廿三。"

2016 年 11 月 30 日，二十四节气被正式列入联合国教科文组

织人类非物质文化遗产代表作名录。在国际气象界，二十四节气
被誉为"中国的第五大发明"。

天气如何预报

　　天气预报是气象工作为经济建设和国防建设服务的重要手
段之一。随着国民经济和科学技术的发展，天气预报的方法增
多，技术水平逐步提高。下面介绍目前我国气象台、气象站预
报的一些方法、思路、依据的原理、步骤以及预报技术中的一
些问题。

气象站预报

　　在很多国家，天气预报完全由气象台发布，气象站不做天气
预报，这些分析和预报工作集中在国家气象中心来做，通过传真
或电传将分析和预报发送给各地气象台。这种形式有很大的缺点，
因为各地的具体天气情况大台是很难全部掌握的，而且目前大台
的预报也并不很准确。1958 年，我国开创了县气象站制作天气预
报的方式。早期气象站预报只起着对气象台发布的天气预报进行
补充订正的作用，后来气象站针对本地的具体需要，用多种方法

做天气预报，现已成为我国天气预报业务中的一个组成部分。

气象台做预报的思路是，根据各种天气系统的活动，做出天气形势预报，得出各高度的气压场（或温度场）预报，然后根据预报的各高度气压场（或温度场）对未来几天各地天气情况做出预估。如果要求做 10 天以上的预报，气象台预报就困难了，因为目前天气预报的时效并不长（一般不到一星期）。

气象站预报方法具有蓬勃的生命力，如果能将气象台预报和气象站预报有效地结合起来，可以提高天气预报的准确率。我们应该对气象站预报的工作予以支持和帮助。

天气图预报方法

天气图预报方法已有 100 多年的历史，自从有了电报后，各地同时间观测的气象资料能及时集中到各国的气象中心，分析出天气图。从天气图上能看到一个个高、低压系统移动着，这类天气系统在移动过程中给各地带来了天气变化。我们从天气图上分析出天气系统，预测它们在未来的移动和强度变化（包括生成和消亡），就能推论各地区未来天气的变化，这就是天气图预报方法的主要依据。

统计预报方法

有些单站气象要素（如最高和最低气温、云量、能见度以及某种危险天气等）的预报，不容易用天气图预报方法做出，往往采用统计预报方法。统计预报方法的种类很多，主要是建立要预报的量（例如雨量）与其他一些气象要素的统计分析，找出其中的数学关系，当知道其他气象要素之后便可求出预报量。

长期天气预报

在天气预报中，长期天气预报是气象工作者最关心的问题，如长时间旱涝或酷寒、酷热等现象的预报。是什么原因使得同类天气过程不断重复出现呢？一般认为，这主要是由于大气外界的某些因素在起作用。这是当前许多国家长期预报研究工作中的一个基本观念。这些外界因素是什么呢？目前意见还很不一致。有人认为太阳的变化是长期天气过程的主要外界因子，有不少长期预报方法是根据这种观点提出的。但也有人认为下垫面热力特征的异常，如海水温度、地温分布、地球表面积雪和南北极区结冰等情况的异常，是引起在某个月或某个季节中不断重复出现同类天气过程的主要外界因子。这些下垫面热力特征的异常是由前期和同时期大气环流所造成的，但又反过来影响长期天气过程。以上两种看法都有一定道理，但都还不能将长期天气过程的物理原因解释得很清楚，其间的关系错综复杂，连一些观测事实也还不清楚，更谈不上理论方面的研究。所以，目前在长期天气预报中所使用的方法基本上是一些预报经验和统计方法。

看风识天气

"东风送湿西风干，南风吹暖北风寒。"这则谚语流传在长江中下游一带，说明不同的风会带来冷暖干湿不同的天气。

东部季风区东临海洋，西连大陆，这里的风东吹西刮、南来北往，担负着交流寒暖、运送水汽的任务。东风湿、南风暖，暖湿的东南风为云雨的产生提供了丰富的水汽条件，只要一有上升的机会就会凝云致雨。所以，有"要问雨远近，但看东南风""白天东南风，夜晚湿布衣"的说法。而西风干、北风寒，晴天刮西北风，预示着继续晴冷无雨；雨天刮西北风，则预示着干冷空气已经压境，随着冷空气层的增厚，空中的云层升高变薄，不久就会云消雨散了。所以，谚语说"西北风，开天锁"。

我国的温带地区，以及东部沿海、云贵高原地区，地面上如有两股对吹的风，它们往往是两股规模大、范围广，温度、湿度不同的冷气流和暖气流。南风运载着暖湿空气，北风运载着干冷气流。在它们相遇的地带，形成了锋面。锋面一带，暖湿空气的上升运动最为旺盛。有时暖湿气流势力强大，主动北袭，并凌驾于干冷气流之上，向上爬升，冷却凝云，此时就形成暖锋。这时，天上云向（暖气流）与地上风向（冷气流）相反，"逆风行云，定有雨淋"。随着云层增厚，便形成范围广大、连绵不断的云雨了。有时，干冷空气的势力比暖湿气流强大，它主动出击，像一把楔子直插空气下面，把暖湿空气抬举向上，此时就形成冷锋，锋面一带便出现雷雨云带。在这一带，电闪雷鸣，风狂雨骤。

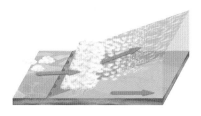

图 1-8　冷暖锋示意图（左：暖锋；右：冷锋）

　　锋面云雨带的生成和消失、移动，决定于南北气流势力的消长。某地南风劲吹，说明该地处于锋面云雨带以南，这时暖锋过境北去，天气晴暖（暖锋过境前后才会出现晴暖天气）。但是，"北风不受南风欺""南风吹到底，北风来还礼""南风吹得紧，不久起风雨"。每一次吹南风的过程，虽晴暖一时，却又预示着北风推动冷锋南下。所以，一旦"转了北风就要下"，就会云涌雨落。而南风刮得愈久，说明暖湿气流积蓄的力量也愈强，一旦北方冷空气南下，就容易出现势均力敌的拉锯局面，使锋面在这一地区南北摆动、徘徊不去，形成连续阴雨的静止锋天气，如我国华南地区在冬、春及秋末等季节常出现准静止锋，云贵地区在冬季也常出现准静止锋。因此，有"刮了长东南，半月不会干"的说法。如果冷空气势力特别强，南下的冷锋云雨往往一扫而过，一下子被推到南方的海洋上；北风愈猛，晴天愈长久。因此，"南风大来是雨天，北风大来是晴天"。

　　在雨天，如果风向转为偏西，天气大多转晴。风向越偏西北方，风力越大，则转晴越快，晴天维持的时间也较长。有时西风很小，天气仍不晴，这就属于"东风雨，西风晴；西风不晴，必连阴"的情况。如果在偏南或西南风里转晴，则往往晴不长，表明下次雨期较近。有时，偏东风连刮两三天，天气仍不变，风反而越刮越紧，这种情况多在旱天出现。这时气温表现为"日暖夜寒"，人们称之为"天旱东风紧""东风冷要旱"。当低气压控制本地时，东风风力不大，午后近地面常有旋风发生，预示近期天旱。"东风刮，西风扯，若要下雨得半月"，这是说，在一两天内风向时而偏东、时而偏西，预示中期内没有强大的天气系统侵入，不会有降水现象。

值得注意的是，相同的风不一定会出现相同的天气，看风识天气还得看具体条件。

首先要看季节。在夏季，暖气流强于冷气流，东南风一吹，锋面云雨带推向北方。这时长江中下游地区在单一的暖气流控制下，空气缺乏上升运动的条件，所以有"一年三季东风雨，独有夏季东风晴"的说法。要是在太平洋副热带高压的稳定控制下，盛行的夏季风虽然来自东南海洋，但高气压控制下的气流稳定，天气晴热少雨，于是"东南风，燥烘烘"了。如果夏季吹西北风，反而预示下雨，所以有"冬西晴，夏西雨""夏雨北风生"的谚语。在冬季，冷空气强于暖空气，西北风常把锋面云雨带推向南方海洋。这时长江中下游地区在单一的冷空气控制下，天气晴朗，正如谚语所说的"秋后西北田里干""春西北，晒破头；冬西北，必转晴"。如果这时刮起东南风，但刮不长，这就是"南风吹到底，北风来还礼"，预示锋面云雨带影响本地，天将变阴，"要问雨远近，但看东南风"。

其次要看风速。谚语说得好，"东风有雨下，只怕太文雅"，只有"东风昼夜吼"，才能"风狂又雨骤"；只有"东南紧一紧"，才能"下雨快又狠"。冬天和旱天，偏东风要刮两三天才能有雨；如果风力达到五六级，那么刮一两天就可能下雨。而在初夏和多雨期，只要东南风刮一阵，就会下雨。

最后要注意地方性。必须区别"真风"和"假风"。在一般情况下，风向、风速在各地都有不同的日变化规律。这种正常的日变化规律，并不反映天气系统的影响，人们称为"假风"。只有风向稳定在某个方向，风力逐渐增大，才是能预兆天气变化的"真风"。一般"真风"要从早刮到晚，从傍晚刮到午夜；特别是夜风，对于预报天气的晴雨变化，效果更好。至于地方性的山谷风，也属于"假风"，不能用来预报天气变化。

第2章

海
洋

海洋的形成

　　海洋是怎样形成的？海水是从哪里来的？对这些问题，目前科学还不能做出最后的回答，因为它们与另一个具有普遍性的、同样未彻底解决的问题——太阳系起源相联系着。

图 2-1　海洋风光

　　研究证明，大约在 50 亿年前，从太阳星云中分离出了一些大大小小的星云团块。它们一边绕太阳旋转，一边自转。在运动过程中，互相碰撞，有些团块彼此结合，由小变大，逐渐成为原始的地球。星云团块碰撞过程中，在引力作用下急剧收缩，加之内部放射性元素衰变，使原始地球不断加热增温。当内部温度足够高时，铁、镍等地球内部物质开始熔化。在重力作用下，重者下沉并趋向地心集中，形成地核；轻者上浮，形成地壳和地幔。在高温下，内部的水汽化与气体一起冲出来，飞升入空中。但是由于地心的引力，它们不会跑掉，只在地球周围，成为气水合一的圈层。

位于地表的这层地壳，在冷却凝结过程中，不断地受到地球内部剧烈运动的冲击和挤压，因而变得褶皱不平，有时还会被挤破，形成地震与火山爆发，喷出岩浆与热气。开始，这种情况发生频繁，后来渐渐变少，慢慢稳定下来。这种轻重物质分化，产生大动荡、大改组的过程，大概在 45 亿年前完成了。

图 2-2　炽热的岩浆冲出地壳

地壳经过冷却定型之后，地球就像个久放而风干了的苹果，表面皱纹密布，凹凸不平。高山、平原、河床、海盆，各种地形一应俱全。

在很长的一个时期内，天空中水汽与大气共存于一体，浓云密布，天昏地暗，随着地壳逐渐冷却，大气的温度也慢慢地降低，水汽以尘埃与火山灰为凝结核，变成水滴，越积越多。由于冷却不均，空气对流剧烈，形成雷电狂风，暴雨浊流，雨越下越大，下了很久很久。滔滔的洪水，通过千川万壑，汇集成巨大的水体，这就是原始的海洋。

原始的海洋，海水不是咸的，而是带酸性、缺氧的。海水不断蒸发，反复地成云致雨，重又落回地面，把陆地和海底岩石中的盐分溶解，不断地汇集于海水中。经过亿万年的积累融合，才变成了大体均匀的咸水。同时，由于当时大气中没有氧气，也没有臭氧层，紫外线可以直达地面，靠海水的保护，生物首先在海洋里诞生。大约在 38 亿年前，海洋里产生了有机物，先诞生了低等的单细胞生物。之后在 6 亿年前的古生代，有了海藻类，在阳光下进行光合作用，产生了氧气，慢慢积累，形成了臭氧层。此时，生物才开始登上陆地。

总之，经过水量和盐分的逐渐增加及地质上的沧桑巨变，原始海洋逐渐演变成今天的海洋。

大洋环流

海水无时无刻不在流动。打开一张海流图，你会发现，上面那些像蚯蚓般的曲线，都代表着海水流动的大致路线。它们首尾相接，循环往复，这就是大洋表层的环流，我们把它比喻为"海洋的血液"。

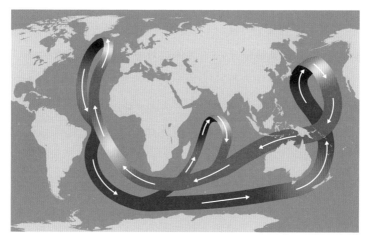

图 2-3 大洋环流示意图

大洋中的海水从来都不是静止的，它像陆地上的河流那样，长年累月沿着比较固定的路线流动着，这就是"海流"。海流在大洋中流动的形式是多种多样的。从成因上，可以分为风海流、密度流和补偿流。其中，在风的作用下而产生的风对海水的应力，包括风对海水的摩擦力和施加在海面迎风面上的压力而形成的稳定洋流，叫风海流。世界上的洋流大多数是风海流，例如经久不息的赤道流，就是由信风带吹刮的偏东风形成的。由于不同海域的海水温度和盐度不同，造成了海水密度分布不均，从而引起海水水平方向压力的差异，当海水由密度高的海域流向密度低的海域时，便产生了密度流。密度流是地球表面热环境的调节者之一。海洋寒流和暖流都属于密度流。海洋中从水温低的地方流向水温高的地方的洋流，叫寒流；反之则为暖流。从地理位置上来说，一般由低纬度地区流向高纬度地区的洋流为暖流，由高纬度地区流向低纬度地区的洋流为寒流。

当洋流流出某个海域之后，这片海域的海水流失，海平面随之降低，相邻海域的海水会流向此处补充，由此形成的洋流，叫补偿流。补偿流分为垂直补偿流和水平补偿流。垂直补偿流包括上升流和下降流。上升流把深海区大量的海水营养盐带到表层海域，给鱼类提供了丰富的饵料，因此在上升流显著的海域多出现世界著名渔场，例如秘鲁渔场。

世界上水流量最大的洋流是南半球的西风漂流。西风漂流环绕南极洲，由西向东流动，覆盖了南纬 $40° \sim 60°$，也是世界上最大的同向流动水体。其总长度约为 2.1 万千米，每秒水流量可达 1 亿～ 2 亿立方米，是全球所有陆地河流流量的 100 ～ 200 倍。

大洋环流的形成，原因是多方面的，风、大洋的位置、海陆分布形态、地球自转产生的偏向力（称为科里奥利力）等都施加了影响，可以说是许多因素综合作用的结果。常年稳定的风力作用，可以形成一个长盛不衰的海流。稳定的西风漂流，就要归功于强有力的西风带。但是，大洋环流形成的"环"，却不能把功劳都记在风上。大陆的分布和地转偏向力的作用，都占据着重要的地位。当赤道流一路西行，到了大洋西边缘时，被大陆挡住了去路，摆在面前的只有两条出路，一是原路返回东岸，二是转弯。第一种情况下的洋流，一部分形成自西向东的赤道逆流；另一部分由于"后续部队"浩浩荡荡，源源不断地跟过来，不可能全部以赤道逆流形式返回，只好分出一小股潜入下层海域返回，形成赤道潜流。第二种情况下的洋流占大多数，拐弯另辟他途，继续前进。受陆地的阻挡，赤道流遇到陆地以后，就会沿着陆地轮廓线向南北方向流去。在北半球，海流受到地转偏向力的作用向右转，在南半球则向左转。在大陆阻挡的基础上，海流便大规模地向极地方向拐弯了。在海流向极地方向进军途中，地转偏向力一刻也不放松，拉偏的劲头越来越足，到纬度40°左右时，强大的西风带与地转偏向力形成合力，使海流成为向东的西风漂流。同样的道理，西风漂流行进到大洋东岸附近，必然取道流向赤道，从而完成了一个大循环。也就是在中低纬度海区，形成了北半球为顺时针、南半球为逆时针的大洋环流圈。而在中高纬度，西风漂流受西风带和极地东风带的合力影响，在北半球形成了逆时针的大洋环流圈，南半球则由于中高纬度陆地面积小，形成了连续的西风漂流和南极环流。

大洋环流对气候的影响

赤道附近的温暖海水通过环流流向南北极海域，极地寒冷的海水通过环流流向赤道海域，构成了世界大洋的环流，大洋环流主要是通过气团活动而产生间接影响。因为洋流是其上空气团的下垫面，它能使气团下部特性发生变化，气团运动时便把这些特性带到所经过的地区，使气候发生变化。一般来说，有暖流经过的沿岸，气候比同纬度地区温暖；有寒流经过的沿岸，气候比同纬度地区寒冷。

洋流的运动，南来北往，川流不息，对高低纬度间海洋热能的输送与交换，对全球热量平衡都具有重要的作用，调节了地球上的气候。暖流对流经沿岸地区的气候起增温、增湿的作用，例如西欧海洋性气候的形成受北大西洋暖流的影响。寒流对流经沿岸地区的气候起降温、减湿的作用，例如寒流对澳大利亚西海岸、秘鲁太平洋沿岸荒漠环境的形成有一定的作用。如果洋流异常，就会使全球的大气环流发生异常，从而影响到气候，如厄尔尼诺现象。对陆地气候影响最大的海流是日本暖流、墨西哥湾暖流和北大西洋暖流。

日本暖流，又叫"黑潮"，是北太平洋西部流势最强的暖流，为北赤道暖流在菲律宾群岛东岸向北转向而成。主流沿中国台湾岛东岸、琉球群岛西侧向北流，直达日本群岛东南岸。在台湾岛东面外海宽 100～200 千米，深 400 米；流速最大时每昼夜 60～90 千米，流量相当于全世界河流总流量的 20 倍。水面温度

图 2-4　日本暖流的黑潮主流

夏季达 29℃，冬季约 20℃，均向北递减。至北纬 40° 附近与千岛寒流相遇，在盛行西风吹送下，再折向东成为北太平洋暖流。

黑潮的海水温度和盐度明显高于两旁的海水，从卫星照片上看，颜色也比两旁海水深。横穿黑潮航行的人，细心观察，也能察觉到这种与众不同的黑潮运动。海洋学界都承认黑潮是中国人最早发现的。明清时期，琉球王国是中国属国。每当老国王去世、新国王继位，必须得到中国皇帝的册封才算合法。中国册封使臣的官船由福州出发，以钓鱼岛为导航标志，穿过黑潮到达琉球，并且穿过黑潮时要举行祭海仪式。在中国使臣回国后的"报告"和著作中，对黑潮多有记载。当时中国称黑潮为"落极"。海洋学家的专著中说，中国人发现黑潮的时间已有数千年。距今约 3000 年前，周武王伐纣，灭了商朝。商朝的遗民"义不食周粟"，纷纷向海外逃亡。这一时期大批商朝遗民航海东渡，在这个过程中有可能发现黑潮。高温高盐的黑潮水，携带着巨大的热量，浩浩荡荡，不分昼夜地由南向北流淌，给日本、朝鲜及中国沿海带来雨水和适宜的气候。它在流经东海的一段时，夏季表层水温常达 30℃左右，比同纬度相邻的海域高出 2 ～ 6℃，比我国东部同纬度的陆地亦偏高 2℃左右。黑潮不但给我国的沿海地区带来了热量，还为我国的夏季风增添了大量的水汽。根据观测资料进行的计算和对不同区域的比较都充分说明：气温相对低而且气压高的北太平洋海面吹向我国的夏季风，只有经过黑潮的增温加湿作用以后，才给我国东部地区带来了丰沛的夏季降水和热量，并导致我国东部受夏季风影响的地区形成了夏季高温多雨的气候特征。

墨西哥湾暖流不是一股普通的海流，而是世界上第一大海洋暖流，也称作湾流。墨西哥湾暖流虽然有一部分来自墨西哥湾，但它的绝大部分来自加勒比海。当南、北赤道流在大西洋西部汇合之后，便进入加勒比海，通过尤卡坦海峡后，其中的一小部分进入墨西哥湾，再沿墨西哥湾海岸流动，海流的绝大部分则是急转向东流去，从美国佛罗里达海峡进入大西洋。这股进入大西洋的湾流起先向北，然后很快向东北方向流去，横跨大西洋，流向西北欧的外海，一直流进寒冷的北冰洋水域。它的深度为 200～500 米，流速 2.05 米 / 秒，输送的水量比黑潮大 1.5 倍。它斜穿大西洋流向北冰洋，给西北欧带来温暖的大西洋暖流。

北大西洋暖流，又名北大西洋西风漂流，是大西洋北部势力最强的暖流，是墨西哥湾暖流的延续，处在欧洲以西，北美洲以东。北大西洋暖流的流量随墨西哥湾暖流的强度变化而变化，其流量值为 2×10^7 万～4×10^7 万立方米 / 秒。俄罗斯的摩尔曼斯克是北冰洋沿岸的重要海港，因受北大西洋暖流的恩泽，港湾终年不冻，成为俄罗斯北洋舰队和渔业、海运基地。

当然，除了暖流之外还有寒流。寒流从水温低的海区流向水温高的海区。西风漂流是地球上最大的，也是势力最强的寒流。其范围在南纬 40° 到 60° 之间，是全球性的，经过太平洋、大西洋和印度洋。由于位置靠近南极大陆，所以海水温度低。它在西风的推动下，随风漂移，因此称西风漂流。西风漂流绕整个南极洲做顺时针方向的环球流动，又名环南极洋流。西风漂流宽 300～2000 千米，表层流速 0.9～1.9 千米 / 时。1969 年在德雷克海峡测得较精确的流量大约为 2.7 亿立方千米 / 秒，此值相当于墨西哥湾暖流的 8 倍多，西风漂流可以说是世界上规模最大的寒流。它在不同的地段又分出许多著名的洋流，如本格拉寒流、西澳大利亚寒流、秘鲁寒流等。

寒流流经会使沿岸地区气温和湿度降低，例如，北美洲的拉布拉多海岸，由于受拉布拉多寒流的影响，一年要封冻 9 个月之久。寒流经过的区域，大气比较稳定，降水稀少。像秘鲁西海岸、澳大利亚西部和撒哈拉沙漠的西部，就是由于沿岸有寒流经过，致使那里的气候更加干燥少雨，形成沙漠。像俄罗斯远东沿海地区，由于千岛寒流的影响，与西北欧同纬度的沿海地区气候大不相同，属于严寒地区。

闻寒送暖的海流

世界上最大的暖流——湾流，是由大西洋的北赤道流和南赤道流中越过赤道的部分汇合而成的。它发源于墨西哥湾，那儿汇集了南北赤道流和由信风不断驱入的大西洋热带暖水，水位高于附近其他海面，成了大西洋的热水库。热水源源不断地自这里流出，供给湾流北上，然后转向东北，直达北欧沿岸，形成了北大西洋暖流。

我国北方的冬天，家家都有暖气管或火炉，否则，寒冷的气候会使人们生活困难，工作受到影响。可是人工供暖既消耗能源，花费也很高，还污染环境。

图 2-5　冷暖流交互示意图

　　海洋上的暖流，就是大自然赠予人类的天然暖气管道。太平洋里的日本暖流（黑潮）、东澳大利亚暖流，大西洋的湾流、巴西暖流等，都是这类闻寒送暖的海流。大家知道，地球的两极气候严寒，赤道附近又炎热得很，如果没有海洋和大气进行调节，冷热的差别还要大。据科学家研究，海洋暖流在调节全球气候上起着重要的作用。它们把赤道海域过多的热量带走，送到高纬度气候寒冷的地方，对改变全球冷热不均的现象，起到了平衡的作用。它们调节了地球的气候，使炎热的地方变得凉爽些，给寒冷的地方送去一些温暖。在世界大洋所有的暖流中，湾流所起的作用最大。

　　湾流长 3000 多千米，宽约 120 千米，表层水温约 25℃，流量约为全世界河流总量的 120 倍。这样大规模的热水流，携带着巨大的热量，浩浩荡荡流向高纬度海域，特别是流向西北欧沿岸。

在西风带的吹刮下，连同湾流上方的湿热空气，温暖着西北欧的气候。据科学家估计，湾流每年向西北欧输送的热量，按每千米海岸平均计算，相当于燃烧约 6000 万吨煤炭放出的热量。位于西北欧的英国、法国、荷兰、丹麦等国，地理纬度近似于我国黑龙江的北大荒地区，但是由于湾流的影响，西北欧的冬天却温暖如春，竟与我国长江中下游一带的气候相似，等于纬度南移了将近 20°。而我国的北大荒一带，气候却十分寒冷，每年的 10 月，就大雪纷飞了。纬度相近的地区，冷暖相差却如此之大，这是什么样的暖气也比不上的啊！

奇怪的是，湾流也经过美国的东南沿岸，但美国得益却不及西欧多。这是什么原因呢？因为湾流在美国的东南方，在西风带的吹送下，湾流的热量背离美国而去，因而美国没有享受到那么多的恩惠。

可能有人要问，西北欧得益于湾流带来的温暖，气候宜人，美国反而受益不大，那么，在太平洋里，黑潮的位置与湾流相似，美国所处的位置又与西北欧相仿，美国也能从黑潮暖流中得到补偿吧？这个问题值得思考。

黑潮是世界大洋中的第二大暖流。它在太平洋的位置的确很像湾流，也处在大洋环流西部边界。它源于我国台湾地区东南和巴士海峡以东洋面，流经东海，到日本列岛以南海域后东去。经科学家调查，太平洋虽然面积最大，但黑潮暖流的强度却次于湾流，它的流量及热量约为湾流的 70%。而且经过长途跋涉，待到达太平洋东岸，热量损耗太多，已成强弩之末，作用不大了。加之美洲西岸有高山阻挡，即使西风带有意帮忙，也爱莫能助了。

所以美国西部气候干旱，还有一片不大的沙漠。这真是"落花有意，流水无情"。

缓慢爬升的海流

秘鲁位于太平洋的东南岸，海岸线长达 2200 多千米。秘鲁沿海是世界上有名的渔场。在 20 世纪 50 年代，秘鲁的渔业年产量已有十几万吨，到了 1962 年以后，渔业发展更快，产量不断增长，跃居当时世界第一位。到 1970 年，突破 1000 万吨大关，达到 1300 多万吨，秘鲁成为世界著名的渔业大国。与此同时，这一区域引来成群结队的海鸟，在沿岸与岛屿上积存了巨量的鸟粪层磷矿，每年有几十万吨鸟粪和大量鱼粉出口，为秘鲁换回巨额外汇，成为其重要的经济支柱。

图 2-6　秘鲁渔场

是谁给秘鲁创造了如此丰富的渔业资源？科学家们经过调查研究，终于解开了这个谜。原来还是海流的功劳。不过，这种海流不是前面讲过的那种在水平方向上的大洋环流。形成秘鲁渔场的，是另一种在垂直方向上流动的海流，叫作上升流。由于上升流的速度太慢，大约每秒钟只上升千分之一厘米，每天上升不足1米，不容易被察觉。但是，人们也慢慢地揭示了这个秘密。科学家通过对海水温度、盐度的分析，就能获知它的行踪。因为海底的水温一般比较凉，盐度也比较高，上升流能把海洋下层的水带到海面上来。所以，在有上升流的地方，海水的温度比周围要低些，在夏季或是热带海域，能比周围低 5～8℃；盐度比周围海水也要显著高些。因此，只要发现水温比周围海水低，盐度比周围海水高的海区，一般可以断定，这里存在着上升流。上升流走得慢，是由于它要克服自身的重力，还要顶着上面海水巨大的压力和周围海水的阻力。这就像在陆地上，爬山时肯定比走平路要累、要慢的道理一样。

大洋环流对海洋生物分布的影响

大洋环流对海洋生物分布的影响主要是形成渔场，全球四大渔场分为两类：一类是分布在寒暖流交汇的地方，如北海道渔场；另一类是分布在上升补偿流的地方，如秘鲁渔场。这是因为寒暖流交汇处和上升流都能把营养盐类带至海洋表层。

寒暖流交汇处，海水受到扰动，引起上下翻腾，于是把下层丰富的营养盐类带到表层，促使浮游生物大量繁殖，而浮游生物又为鱼类提供了丰富的饵料。同时寒暖流交汇处水温中和，形成了适宜的温度。许多鱼类是随洋流运动的，所以寒暖流为交汇的地方分别带来冷水性鱼类和暖水性鱼类，鱼群比别处密集。暖流和寒流交汇的海水可以为不同鱼类提供各自适宜的生存环境，这些区域的鱼类就显得相对集中，这就形成了渔场。世界四大渔场中的三大渔场分布在寒暖流交汇的海区，它们是北海道渔场（日本）、北海渔场（英国）、纽芬兰渔场（加拿大）。

世界第一大渔场——地处亚洲东部的日本北海道渔场，位于北海道附近海域千岛寒流与日本暖流的交汇处。寒暖流交汇可产生"水障"，阻止鱼群游动，利于形成大的渔场。而且因为日本捕鱼业的科技发达、养殖渔业发达，所以日本北海道渔场成为世界第一大渔场。

位于英国的北海渔场是由北大西洋暖流与东格陵兰寒流交汇形成的，冷暖水流在此交汇，渔产丰富，种类繁多，主要产鲱、鲭、鳕等鱼，为世界四大渔场之一。

纽芬兰渔场位于加拿大境内大西洋上的纽芬兰岛附近海域，是世界著名渔场之一，同日本北海道渔场、英国北海渔场、秘鲁渔场齐名。它位于墨西哥湾暖流与拉布拉多寒流交汇处，海水扰动引起营养盐类物质上泛，为鱼类提供了丰富的饵料，鱼类在此大量繁殖，素以"踏着水中鳕鱼群的脊背就可以走上岸"著称。

秘鲁沿岸海域是世界著名渔场，水产资源十分丰富，盛产鳀鱼等 800 多种鱼类及贝类等海产品。秘鲁沿岸有强大的秘鲁寒流经过，在常年盛行南风和东南风的吹拂下，发生表层海水偏离海岸、下层冷水上泛的现象。这不仅使水温显著下降，而且将大量的硝酸盐、磷酸盐等营养物质带至浅层海面；加之沿海多云雾笼罩，日照不强烈，利于沿海浮游生物的大量繁殖。

大洋环流对海洋环境和航海的影响

陆地上的污染物质进入海洋之后，洋流会把近海的污染物质携带到其他海域，使污染范围扩大。当然，洋流的运动也能加快净化速度。2002 年 11 月 13 日，"威望"号油轮承载着 7.7 万吨重的燃料油从拉脱维亚驶往直布罗陀海峡。在经过大西洋比斯开湾的西班牙海域时，遇到 8 级风暴。在狂风巨浪当中，这艘已经航运了 26 年的油轮失去控制而搁浅。陈旧的单壳船体撕裂出了一个长达 35 米的口子，船内成吨的燃油喷涌而出。"威望"号所泄漏的是轮船或发电厂使用的燃油，呈黑色，较黏稠，有刺鼻的味道，危害性极大。在风浪中，失去控制的"威望"号向葡萄牙海域漂泊，所经之处形成了一条宽 5 千米、长 37 千米的黑色油污带。该事故导致西班牙海岸长达 500 多千米的海岸线铺满了燃油，90 多种海洋鱼类、贝类和珍稀动物，18 种海鸟，成为"威望"号漏油的直接牺牲品，4000 多名渔民因此不能下海捕鱼，直接或间接受"威望"号污染影响的人数达 3 万人。加里西亚本来是西班牙西北海岸著名的旅游胜地，几天之中，黑色黏稠的燃油浸透了海滩。西班牙政府拨款 10 亿欧元、每天有 7000 多名志愿者参加的清污工作持续了几个月。虽然油轮上的 26 名船员及时得到了救援，但是这次事故对当地旅游、渔业造成了直接打击，给当地生态环境造成了巨大、长久的灾难，生态环境的恢复需要几十年的时间。

洋流和航海事业也是息息相关的。就像我们平常顺风、顺水走的速度要比逆风、逆水走的速度快的道理一样，航海一般选择近岸、顺风顺水的路线。顺流航行可以节省燃料、加快速度，也更加安全，但是当速度过快时，也会出现一定的不安全因素。我国明朝郑和曾七下西洋，他总是选择冬季出发，夏季返回，这正是因为，冬季出发时，受东北季风的影响，洋流向西流，顺风顺水航速快；夏季返回时，盛行西南季风，海水向东北流，也是顺风顺水。

海洋资源及其利用

海洋是地球上最宝贵的自然资源之一。存在于海水或海洋中的有关资源，包括海水中生存的生物，溶解于海水中的化学元素，海水波浪、潮汐及海流所产生的能量、贮存的热量，滨海、大陆架及深海海底所蕴藏的矿产资源，以及海水所形成的压力差、浓度差等。相较于陆地，海洋是浩瀚且神秘的，它是一个具有巨大潜力的资源宝库，我们目前只是开发利用了海洋的一小部分。

海洋水产资源

据估计，地球上 80% 的生物资源在海洋中。有人计算过，在不破坏生态平衡的条件下，海洋每年可提供 30 亿吨水产品。在海洋水产品中，人们吃得最多的是鱼类。全世界有 2 万多种鱼类，中国海域约有 2000 种。世界上的渔场大都分布在大陆架。

图 2-7　海洋生物资源

海洋也像陆地一样，有肥美丰产的地方，也有不毛之地。全世界海洋渔获量的 97% 是在只占全球海洋面积 7% 的大陆架海域捕捞的。盛产鱼货的海域称为渔场。世界最著名的四大渔场是北海道渔场、北海渔场、纽芬兰渔场和秘鲁沿海（东太平洋）渔场。这些渔场中出产的主要经济鱼种有鲱鱼（青鱼）、鳕鱼（明太鱼）、鲭鱼（鲅鱼、马鲛鱼）、大马哈鱼（鲑鱼）、鲽鱼（比目鱼）、金枪鱼、沙丁鱼以及鱿鱼、虾、蟹和鲸等。中国沿海，东非、西非沿海，澳大利亚以东的太平洋和以西的印度洋海域也是世界上著名的渔场。南极海域则是磷虾资源丰富的海域和大型海洋哺乳动物鲸的出没之地。

渔获量的大规模增长是第二次世界大战后的事情。据统计，1900年，全世界海洋渔获量才350万吨。1950年达到2070万吨。此后逐年增长，到20世纪70年代末，达到7000万吨。之后在7000万吨上下徘徊，但在1996年之后，每年38万吨的速度递减。

据联合国粮农组织的统计，2018年全球捕捞渔业总产量为9640万吨，达到历史最高点，其中海洋捕捞渔业贡献了绝大部分产量。同年，排名前七的国家在海洋捕捞总量中占50%以上，排名先后依次是中国、秘鲁、印度尼西亚、俄罗斯、美国、印度和越南。

我国的海洋渔场

中国东、南两面为海洋环绕。中国沿海自北向南划分为渤海、黄海、东海、南海四个海区，跨越温带、暖温带、亚热带、热带四个气候带。中国近海大陆架宽广，有长江、黄河、珠江、辽河等5000多条河流汇入。发源于台湾东南赤道海域的暖流，即著名的黑潮，自南向北流经中国海域，与北方的沿岸寒流相交汇。这样优越的自然条件造就了中国近海的富饶渔场。中国近海渔场面积约150万平方千米。主要渔场有黄渤海渔场、吕泗渔场、大沙渔场、舟山渔场、南海沿岸渔场、东沙渔场、北部湾渔场、中沙渔场、西沙渔场、南沙渔场等。其中的黄渤海渔场、舟山渔场、南海沿岸渔场、北部湾渔场由于产量高，被称为"中国四大渔场"。

图 2-8　中国近海渔业捕捞的主要水产品

　　中国近海渔场有鱼类 1700 多种。主要经济鱼类 70 多种，包括大黄鱼、小黄鱼、带鱼、鲐鱼、鲳鱼、鳓鱼、马鲛鱼、青鱼、鳗鱼、马面鲀、鲽鱼、石斑鱼、金枪鱼、墨鱼、对虾、毛虾、梭子蟹、海蜇等。其中大黄鱼、小黄鱼、带鱼、墨鱼是中国人喜欢食用而且产量较大的海洋水产品，被称为"中国四大海产"。可惜，由于过度捕捞，这四种海洋水产资源都有不同程度的衰退。其中大、小黄鱼已经多年形不成鱼汛，年产量由几十万吨下降到 3 万～5 万吨。为恢复资源，我国渔政部门采取了严厉的"休渔""禁渔"措施，即强制限时、限量或禁止捕捞大、小黄鱼，以利于它们休养生息。但从生态学看，一个物种的衰退，可能将会有另外的优势物种取而代之，已经衰退的物种也可能无法再恢复原状。

这个深刻的教训告诉我们，生物资源开发利用不能过量，应当做到"适度"。鱼类资源适度开发的标准叫作"可捕量"。"可捕量"就是不至于使某种鱼类种群衰退的最佳捕捞量。"可捕量"由水产科学研究专家通过调查研究计算出来，渔政部门公布并监督执行。广大渔民为了自己的长远利益，也应自觉遵守。

无穷的盐资源

人类生存不可缺少盐。人类将盐用作调料的历史久远，中国人"煮海为盐"的历史可以追溯到 4000 多年前的夏代。进入封建社会，盐、铁成为国家两项重大的官营商品。盐、铁官卖，一方面可以保证供应，另一方面，可以作为国家财政的重要来源和调节阀门。

早期海盐，是支起大锅用柴火煮熬出来的。汉、魏以前的历史书上多有"煮海为盐"的记载。开辟盐田，利用太阳和风力的蒸发作用，晒海水制盐的工艺，比起"煮海为盐"，是很大的进步。

我国是海水晒盐产量最多的国家，也是盐田面积最大的国家。我国现有盐田 37.6 亿万平方米，年产海盐 1500 万吨左右，约占全国原盐产量的 70%。我国著名的盐场，从北往南，有辽宁的复州湾盐场，河北、天津的长芦盐场，山东的莱州湾盐场，江苏的淮盐盐场，以及浙江、福建、广东、广西、海南的一些盐场。每年生产的海盐，供应全国一半人口的食用盐和80%的工业用盐。同时，还出口了100万吨原盐。我国海盐业对国家的贡献是很大的。

海水制盐并不是原盐生产的唯一来源。事实上，世界原盐产量中，海盐只占20%多，80%左右是用工业化方法生产的矿盐。

海水晒盐，节约燃料。但是，海水晒盐受天气制约，占用大量平坦土地，劳动条件十分艰苦，生产效率低。在工业化的现代，原来先进的工艺，变成了落后的工艺。目前世界上，只有中国、印度和少数气候条件特别适宜的国家进行大规模海水晒盐。在澳大利亚和墨西哥一些非常干旱的海岸地区，使用自动化机械进行海水晒盐，生产效率极高。我国许多盐场，也逐步实现了机械化、自动化生产，效率大为提高，新型工艺技术为我国海水晒盐业开辟了广阔前景。

图2-9 晒盐

海水资源的开发利用

从太空观察地球，看到地球上有 7 片陆地"漂浮"在一大片蓝色的海洋之中。海洋是美丽的，是富饶的，也是我们人类的资源储备。

海水中溶解了大量的气体物质和各种盐类。人类在陆地上发现的 100 多种元素，在海水中可以找到 80 多种。人们早就想到从这个巨大的宝库中去获取不同的元素。传说中有夙沙氏教民煮海水为盐的故事。当今世界上，生产海盐的国家已达 80 多个，制盐工业的新工艺、新技术也如雨后春笋般地迅速发展，从最古老的日晒法到先进的塑苫技术，海盐大大满足了人类与日俱增的耗盐量需求。人们以海盐为原料生产出上万种不同用途的产品，例如烧碱（NaOH）、氯气、氢气和金属钠等，凡是用到氯和钠的产品几乎都离不开海盐。

难以提取的钾是植物生长所必需的一种重要元素，它也是海洋宝库馈赠给人类的又一种宝物。海水中蕴藏着极其丰富的钾盐资源，据计算，总储量达 5065 吨，但是由于钾的溶解性低，在 1 升海水中仅能提取 380 毫克钾，而且钾离子与钠离子、镁离子和钙离子共存，分离较困难，致使钾的工业开采步履维艰。目前，采用硫酸盐复盐法、高氯酸盐汽洗法、氨基三磺酸钠法和氟硅酸盐法等从制盐卤水中提取钾；采用二苦胺法、磷酸盐法、沸石法和新型钾离子富集剂从海水中提取钾。

溴是一种贵重的药品原料，可以生产许多消毒药品。例如，大家熟悉的红药水就是溴与汞的有机化合物，溴还可以制成熏蒸剂、杀虫剂、抗爆剂等。地球上99%以上的溴都蕴藏在汪洋大海中，故溴还有"海洋元素"之称。据计算，海水中的溴含量约65毫克每立方厘米，整个大洋水体的溴储量可达1014吨。早在19世纪初，法国化学家就发明了提取溴的传统方法（即以中度卤水和苦卤为原料的空气吹出制溴工艺），这个方法也是目前工业规模海水提溴的唯一成熟方法。此外，树脂法、溶剂萃取法和空心纤维法的提溴新工艺正在研究中。随着新方法的不断出现，人们不仅能从海水中提取溴，还能从天然卤水及制钾母液中获取溴，溴的产量也大大增加了。

镁不仅大量用于火箭、导弹和飞机制造业，还可以用于钢铁工业。近年来镁还作为新型无机阻燃剂，用于多种热塑性树脂和橡胶制品的提取加工。另外，镁还是组成叶绿素的主要元素，可以促进作物对磷的吸收。镁在海水中的含量仅次于氯和钠，总储量约为1890吨，主要以氯化镁和硫酸镁的形式存在。从海水中提取镁并不复杂，只要将石灰乳液加入海水中，沉淀出氢氧化镁，注入盐酸，再转换成无水氯化镁就可以了。电解海水也可以得到金属镁。全世界镁砂的总产量为每年760万吨，其中约有260万吨是从海水中提取的。美国、日本、英国等是目前世界上生产海水镁砂产量较多的国家。

铀是高能量的核燃料，1千克铀可供利用的能量相当于2250吨优质煤。然而陆地上铀矿的分布极不均匀，并非所有国家都拥有铀矿，全世界的铀矿总储量也不过460万吨左右。海水中，铀元素的储量在40亿吨左右，相当于陆地铀总储量的1000倍。

从20世纪60年代起，日本、英国、联邦德国等先后着手从海水中提取铀的工作，并且逐渐建立了多种方法来提取海水中的铀。以水合氧化钛吸附剂为基础的无机吸附剂的研究进展最快。当今评估海水提铀可行性的依据之一仍是一种采用高分子黏合剂和水合氧化钴制成的复合型钛吸附剂。现在海水提铀已从基础研究转向开发应用研究。日本已建成年产 10 千克铀的中试工厂，一些沿海国家亦计划建造百吨级或千吨级铀工业规模的海水提铀厂。

"能源金属"锂是用于制造氢弹的重要原料。海洋中每升海水含锂 15 ～ 20 毫克，海水中锂的总储量约为 2500 亿吨。随着受控核聚变技术的发展，同位素锂 -6 聚变释放的巨大能量终将和平服务于人类。锂还是理想的电池原料，含锂的铝镍合金在航天工业中占有重要位置。此外，锂在化工、玻璃、电子、陶瓷等领域的应用也有较大发展。因此，全世界对锂的需求量正以每年 7% ～ 11% 的速度增加。目前，主要采用蒸发结晶法、沉淀法、溶剂萃取法及离子交换法从卤水中提取锂。

重水是原子能反应堆的减速剂和传热介质，也是制造氢弹的原料，海水中含有 2028 吨重水，如果人类一直致力研究的受控热核聚变的难题得以解决，并且实现从海水中大规模提取重水，海洋就能为人类提供巨量的能源。

据研究，我们人类生存的这颗星球的水资源总量约 13.86 亿立方千米，但其中淡水仅占水资源总量的 2.5%，即约 0.35 亿立方千米。而全球淡水资源总量中 69.5% 的水资源，即约 0.24 亿立方千米是人类难以利用的。难怪有识之士惊呼：人类面临的下一个生态危机将是淡水资源短缺！但是我们这颗星球存在无比巨大深邃的海洋，其储存的海水多达 13.38 亿立方千米，约占地球水资源总量的 96.5%，因此，依靠现代科学技术手段，充分利用海水，是人类克服全球淡水资源短缺危机的希望所在。

海水淡化即利用海水脱盐生产淡水。这是实现水资源利用的开源增量技术，可以增加淡水总量，且不受时空和气候影响。现在所使用的海水淡化方法有海水冻结法、电渗析法、蒸馏法、反渗透膜法、碳酸铵离子交换法等。目前淡化海水主要采用三种方法，即蒸馏法、反渗透膜法和电渗析法。

蒸馏法：主要被用于特大型海水淡化设备上及热能丰富的地方。蒸馏法是将压缩功转化为饱和蒸汽的内能，使其温度上升，成为过热蒸汽，再利用高温过热蒸汽做热源，加热饱和盐水使其部分蒸发，蒸汽冷凝为淡水实现盐水分离。

反渗透膜法：适用面非常广，且脱盐率很高，因此被广泛使用。反渗透膜法首先是将海水提取上来，进行初步处理，降低海水浊度，防止细菌、藻类等微生物的生长，然后用特种高压泵增压，使海水进入反渗透膜。由于海水含盐量高，因此海水反渗透膜必须具有高脱盐率、耐腐蚀、耐高压、抗污染等特点，经过反渗透膜处理后的海水，其含盐量大大降低，溶解性总固体（TDS）含量从 36000 毫克 / 升降至 200 毫克 / 升左右。

电渗析法：渗析是一种自然发生的物理现象。如将两种不同含盐量的水，用一张渗透膜隔开，就会发生含盐量大的水的电解质离子穿过膜向含盐量小的水中扩散的现象，这个现象就是渗析。这种渗析是由于含盐量浓度不同而引起的，称为浓差渗析。渗析过程与浓度差的大小有关，浓度差越大，渗析的过程越快，反之则越慢。因为渗析是以浓度差作为推动力的，因此，水中的电解质离子扩散速度比较慢。如果在膜的两边施加一直流电场，就可以加快扩散速度。电解质离子在电场的作用下，会迅速地通过膜，进行迁移，这样就形成了去除水中离子的淡水室和离子浓缩的浓水室，将浓水排放，淡水即为除盐水。这就是电渗析法除盐原理。

海水淡化技术最发达的国家是以色列。以色列拥有 250 家水科技公司，是世界上拥有水处理公司最多的国家。这主要由其地理环境决定的。以色列阿什科隆淡化厂是世界上第一个超大产水量海水反渗透（SWRO）淡化厂，每日产水量 40 万立方米。其主要技术系统就包括 IDE Technologies 公司专有的压力中心设计、三根管路取水、能量回收系统（ERS）和独特的脱硼系统。

2010 年竣工的海德拉淡化厂每日产水量为 52.6 万立方米。IDE 在海德拉工厂的设计中采用了专有的"三中心"（泵中心、膜中心和能量回收中心）、串联的硼处理和其他技术来降低能量需求和提高整体效率。

2013 年开始运行的索莱克淡化厂每日产水量为 62.4 万立方米。索莱克水厂采用创新设计的突破性技术，在大型水厂中引入16 英尺膜组件垂直布局。以垂直方式排列的膜组，能有效减少反渗透设备的占地面积。该技术有助于缩小反渗透设备所需建筑物的规模，缩短布线和布管的长度，从而降低资本费用和提升运营效率。这种独特的阵列技术使得膜安装更便捷，操作更安全，因为操作人员不会暴露于压力容器的端口。同时，由于膜和接口的数量减少，反渗透设备的可用性显著提升。

图 2-10 索莱克淡化厂反渗透膜组件垂直布局

世界航海史——地理大发现

从 15 世纪到 17 世纪,欧洲的船队出现在世界各处的海洋上,寻找着新的贸易路线和贸易伙伴,以发展欧洲新生的资本主义。在这些远洋探索中,欧洲人发现了许多当时在欧洲不为人知的国家与地区,使世界各个地区连在一起,拓展了人类的活动空间和范围,打破了以往世界各个地区互相隔绝和孤立发展的局面。

新航路的发现

图 2-11　迪亚士

欧洲一些国家，手工业及商业贸易有了相当程度的发展。一些商人渴望向外扩充贸易，获取更多财富。但从 15 世纪中叶起，土耳其奥斯曼帝国占据东西方交通往来的要地——君士坦丁堡、东地中海和黑海周围广大地区，对过往商人横征暴敛，多方刁难，加之频繁的战争和海盗活动，阻碍了西欧与东方陆地上贸易的通道；而经由波斯湾—两河流域—地中海和经由红海—埃及—地中海的两条东方海上商路又完全为阿拉伯人所操纵。因此，欧洲商人和封建主为了获得比较充裕的东方商品和寻求更多的交换手段——黄金，并免受土耳其人、阿拉伯人及意大利人的层层盘剥，急于开辟通向东方的新航路。

从 15 世纪起，葡萄牙人不断沿非洲西海岸向南航行，占据了一些岛屿和沿海地区，掠夺当地财富。1487—1488 年，葡萄牙人迪亚士到了非洲南端的好望角，成为探寻新航路的一次重大突破。

葡萄牙贵族达·伽马奉葡萄牙国王之命于 1497 年 7 月 8 日

从里斯本出发，绕过好望角，沿非洲东海岸北上，之后由阿拉伯航海家马吉德领航横渡印度洋，于 1498 年 5 月 20 日到达印度西海岸的卡利卡特，次年，载着大量香料、丝绸、宝石和象牙等返抵里斯本。这是第一次成功的绕非洲航行到印度的航行，被称为"新航路的发现"。

图 2-12　达·伽马

郑和七下西洋

　　1405 年 7 月 11 日，明成祖命郑和率领由 240 多艘海船、27400 名船员组成的庞大船队远航，访问了 30 多个西太平洋和印度洋区域的国家和地区，加深了中国同东南亚、东非的友好关系。郑和船队每次都由苏州刘家港出发，一直到 1433 年，他一共远航了 8 次。同年 4 月，回程到古里时，郑和在船上因病去世。郑和曾到过爪哇、苏门答腊、苏禄、彭亨、真腊、古里、暹罗、阿丹、天方、左法尔、忽鲁谟斯、木骨都束等 30 多个国家，最远曾达非洲东岸、红海、麦加，并有可能到过澳大利亚。郑和下西洋具有历史性的突破，他的航线从西太平洋穿越印度洋，直达西亚和非洲东岸，到达南端的好望角，也就是说抵达了大西洋，涉及三大洋，是中国航海史上的壮举，在世界航海史上也居于领先地位。比达·伽马绕过好望角到达印度、麦哲伦完成环球航行还要早83年和107年，在当时靠木船、仅凭借自然的风力航行的时代，克服海上种种困难是非常了不起的。不仅要有航海技术、造船技术、航海经验，掌握海洋知识，而且还需要勇气和探险精神。

图 2-13　郑和下西洋古船图

哥伦布发现新大陆

在葡萄牙组织探寻新航路的同时，西班牙也力图寻求前往印度和中国的航路。1492 年 8 月 3 日，哥伦布受西班牙国王派遣，带着给印度君主和中国皇帝的国书，率领 3 艘百十来吨的帆船，从西班牙巴罗斯港扬帆驶出大西洋，直向正西航去。经2个多月的艰苦航行，于1492年10月12日凌晨终于发现了陆地。哥伦布以为到达了印度。后来人们知道，哥伦布登上的这块土地，属于现在中美洲加勒比海中的巴哈马群岛，他当时将它命名为圣萨尔瓦

图 2-14　哥伦布

多。1493年3月15日，哥伦布回到西班牙。此后他又向西航行3次，又抵达了美洲的许多海岸。直到1506年逝世，他一直认为他到达的是印度。后来，一个叫作亚美利哥的意大利学者经过考察，才知道哥伦布到达的这些地方不是印度。

麦哲伦环球航行

　　古代中国人认为天是圆的，地是方的；古代巴比伦人认为地是圆的，大地周围是河流；古代欧洲人认为大地是一个平面，海的尽头是无底洞。所以，古希腊人绘制的地图上，在海的尽头画上一个巨人，巨人手中举着一块路牌，上面写着：到此止步，勿

图 2-15　麦哲伦

再前进。也有些古希腊哲学家认为大地是球形的。

麦哲伦是地圆说的信奉者，他在 1517 年就向葡萄牙国王提出了环球航行计划，但是没有得到支持。不过，西班牙国王为了获得更多财富，正想向海外发展，所以支持麦哲伦进行航海探险，并为麦哲伦装备远航探险船队。

1519 年 9 月 20 日，麦哲伦率 5 艘远洋海船从巴罗斯港出发，横渡大西洋，沿巴西东海岸南下，绕过南美大陆南端与火地岛之间的海峡（即后来所称的麦哲伦海峡）进入太平洋。1521 年 3 月，船队到达菲律宾群岛，麦哲伦想征服岛上的土著居民，把岛上的一个个小王国变成西班牙的殖民地。他带领船员，手持火枪、利剑，强行登上陆岸，用血腥手段征服这个地区，并用西班牙国王菲利普二世的名字来命名这个地区，菲律宾的名称就是这样来的。但是，麦哲伦的掠夺遭到了土著居民的反抗。土著居民用箭、标枪对付入侵者。一支毒箭射中麦哲伦，致使他客死他乡。其后，麦哲伦的同伴继续航行，终于到达了"香料群岛"（今马鲁古群岛）中的哈马黑拉岛。最终"维多利亚"号远洋帆船渡过印度洋，绕过好望角，越过佛得角群岛，于 1522 年 9 月 6 日回到了西班牙，历时 1082 天，全长 60440 千米，完成了人类首次环球航行。

海洋航运

　　当今海洋航运是国际物流中最主要的运输方式，占国际贸易总运量中的三分之二以上。海洋运输借助天然航道进行，不受道路、轨道的限制，运输能力更强。海洋航运载量大、运输里程远，单位运输成本较低，不过用时较长。

深海探测

海底轮廓

　　海底是地球表面的一部分。海底并非我们想象中那么平坦，倘若沧海真的变成了桑田，我们就会发现，海底世界的面貌和我们居住的陆地十分相似：有雄伟的高山，有深邃的峡谷，还有辽阔的平原。大洋的海底像个大水盆，边缘是浅水的大陆架，中间是深海盆地，洋底有高山深谷及深海大平原。位于太平洋的马里亚纳海沟深得让人难以置信，如果把世界最高峰放进去，都不会露出水面。

人们通过地震波及重力测量，了解海底地壳的结构。海洋地壳主要是玄武岩层，厚约 5000 米，而大陆地壳主要是花岗岩层，平均厚度 33 千米。大洋底始终在更新和不断成长，每年扩张新生的洋底有 6 厘米左右。太平洋、印度洋、大西洋、红海位于大陆板块的生长边界，逐渐扩张；地中海位于大陆板块的消亡边界，逐渐缩小。大洋中脊是大洋底隆起的"脊梁骨"，世界大洋中脊总长约 8 万千米，面积约占洋底面积的三分之一，海底扩张就从这儿起始。

图 2-16　海底地貌示意图

根据大量的海深测量资料，人们已清楚知道，海底的基本轮廓是这样的：沿岸陆地，从海岸向外延伸，是坡度不大、比较平坦的海底，这个地带称"大陆架"；再向外是相当陡峭的斜坡，急剧向下直到 3000 米深，这个斜坡叫"大陆坡"；从大陆坡往下便是广阔的大洋底了。整个海洋面积中，大陆架和大陆坡占 20% 左右，大洋底占 80% 左右。假使我们要给海洋底部的轮廓画一个示意剖面图，就有点像个水盆。

大陆架浅海的海底地形起伏一般不大，上面盖着一层厚度不等的泥沙碎石，它们主要是河流从陆地上搬运来的。但是，有的地方，如南北美洲太平洋沿岸和地中海沿岸，山脉紧靠海边，海底地形就比较崎岖陡峭；有的地方，如我国黄海沿岸，大河下游的河口海湾一带，陆地上地势平坦，海底也是起伏不大的宽广的大陆架。

大洋底位于几千米深处。洋底主要是深水的盆地、深海大平原、规模宏大的海底山脉和海底高原，还有一些孤立的洋底火山，巨大的珊瑚岛礁，等等。这些地形与陆地地形不同，是在海洋中形成的。大洋底表面覆盖着一层厚度不大的海底沉积物，称为深海软泥。

海底为什么有这样的轮廓？大陆架、大陆坡与大洋底为什么有如此巨大的差异性呢？这是由海底的地壳构造决定的。

在整个海底世界，大洋底约占海洋总面积的 80%，宏伟的海底山脉，广阔的海底平原，深邃的海沟，上面均盖着厚度不一、火红或黑色的沉积物，气势磅礴、雄伟壮丽。

深邃的海沟

打开世界地图，映入眼帘的是一幅奇观：在太平洋西侧，有一系列的群岛自北而南呈弧状排列着。它们是阿留申群岛、千岛群岛、日本群岛、台湾岛、菲律宾群岛、小笠原群岛、马里亚纳群岛等，人们送它们一个雅号，叫作"岛弧"。岛弧像一串串珍珠，整齐地点缀在太平洋与它的边缘海之间；像一队队日夜守卫的哨兵警戒在亚洲大陆的周边。

图 2-17 阿留申群岛

与岛弧这种有趣的排列相呼应的是，在岛弧的大洋一侧，几乎都有海沟伴生。诸如阿留申海沟、千岛海沟、日本海沟、琉球海沟、菲律宾海沟、马里亚纳海沟等等，几乎一一对应，也形成一列弧形海沟。岛弧与海沟像是孪生姊妹，形影相随；一岛一沟，神奇无比。其他的大洋也有群岛与海沟伴生的现象，如大西洋的波多黎各群岛与波多黎各海沟等，在地质构造上也大同小异，不过没有太平洋西部这样集中，也不这么突出与典型。如此有趣的安排，是大自然内在力量的体现，是大洋底与相邻陆地相互作用的结果。

海沟不在海洋的中心，而偏安于大洋的边缘。世界大洋约有30条海沟，其中主要的有17条，属于太平洋的就有14条，且多集中在西侧，东边只有中美海沟、秘鲁海沟和智利海沟；大西洋有波多黎各海沟和南桑威奇海沟；印度洋有爪哇海沟。

海沟的深度一般大于6000米。世界上最深的海沟在太平洋西侧，叫马里亚纳海沟。它的最深点——查林杰深渊最大深度为

11034 米，位于北纬 11° 21′，东经 142° 12′。如果把世界屋脊珠穆朗玛峰移到这里，也将被淹没在 2000 多米的水下。海沟的长度不一，从 500 千米到 4500 千米不等。世界上最长的海沟是印度洋的爪哇海沟，长达 4500 千米。有些人把秘鲁海沟、智利海沟合称为秘鲁—智利海沟，其长度达 5900 多千米。不过，据调查，这两条海沟虽然靠近，几乎首尾相接，但中间有断开，目前尚未衔接起来。海沟的宽度在 40 千米至 120 千米之间，全球最宽的海沟是太平洋西北部的千岛海沟，其平均宽度约 120 千米。但在大洋底的构造里，算是最窄的地形了。

经过科学家们多年的调查得知，海沟是海洋里最深的地方，它的剖面形状，像是英文字母 V，但两边不对称。靠大洋的一侧比较平缓，是玄武岩质的大洋壳，这里的地磁场呈正负相间分布，清楚地记录着地磁场在地质史上的变化；靠大陆的一侧则比较陡

图 2-18　马里亚纳海沟

峭，是大陆地壳，玄武岩被厚厚的花岗岩覆盖，没有地磁场条带异常表现。这说明沟底是大陆与大洋两种地壳的结合部，但它们在这里并不和睦相处，而是相互碰撞，如两个"大力士顶牛"。因大洋地壳的密度大、位置低，还背负着既深又重的海水，实在抬不起头来，只好顺势俯冲下去，潜入大陆地壳的下方，同时狠命地将陆地拱起，使陆壳抬升弯曲成岛。这就是海沟为什么多半与岛弧伴生的原因。岛弧一侧得到大洋底壳的推力，不断升高，靠陆一侧的沟坡也变得陡峭，自然成了现在的面貌。

大洋中脊

　　人有脊梁，船有龙骨，这是人和船保持一定形状的重要支柱，因而人能立于天地之间，船能行于大洋之上。海洋也有脊梁，大洋的脊梁就是大洋中脊，它决定着海洋的成长。

　　1873 年，"挑战者"号船上的科学家在大西洋上进行海洋调查，用普通的测深锤测量水深时，发现了一个奇怪的现象，大西洋中部的水深只有 1000 米左右，反而比大洋两侧浅得多。这出乎他们的预料。按照一般推理，越往大洋的中心部位，应该越深。为解答这个疑惑，他们又测了几个点，结果还是如此，他们把这个事实记录下来。1925—1927 年间，德国"流星"号调查船利用回声测深仪，对大西洋的水深又进行了详细的测量，并且绘出了海图，证实了大西洋中部有一条纵贯南北的山脉。这一发现引起了当时人们的震惊，吸引了更多的科学家来此调查，从而丰富了对它的认识。大西洋中部的这条巨大山脉像它的脊梁，因而给它

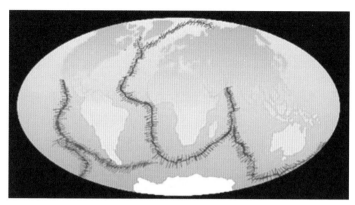

图 2-19　全球大洋中脊示意图

取名叫"大西洋中脊"。

　　大西洋中脊的峰是锯齿形的，分布在大西洋中间，大致与东西两岸平行，呈"S"形纵贯南北。自北极圈附近的冰岛开始，曲折蜿蜒直到南纬 40°，长达 1.7 万千米，宽 1500 ～ 2000 千米不等，约占大西洋的三分之一。其高度差别很大，许多地方高出海底 5000 多米，平均高度为 3000 多米。高出海面部分，成了岛屿。如冰岛就是大洋中脊高出水面的一部分。这样规模巨大的山脉，是陆地上任何山脉都无法比拟的。更为惊奇的是，在大洋中脊的峰顶，沿轴向还有一条狭窄的地堑，叫中央裂谷，宽 30 ～ 40 千米，深 1000 ～ 3000 米，它把大洋中脊的峰顶分为两列平行的脊峰。

　　许多观测结果表明，在中央裂谷一带，经常发生地震，而且还经常释放热量。这里是地壳最薄弱的地方，地幔的高温熔岩从这里流出，遇到冷的海水凝固成岩。经过科学家研究鉴定，这里就是产生新洋壳的地方。较老的洋底不断地在这里被新生的洋底推向两侧，更老的洋底被较老的洋底推向靠近大陆的地方。

随后，人们在印度洋和太平洋也相继发现了大洋洋脊。印度洋中脊呈"人"字形分布。西南的一支绕过非洲南端，与大西洋中脊连接起来；东南走向的一支绕过大洋洲以后，与东太平洋海隆的南端相衔接。这两支洋脊在印度洋中部靠拢，在印度洋北部合二为一，并向西北倾斜，构成了一个大大的"人"字形，成为印度洋"骨架"。

太平洋洋脊有些特殊，它不在太平洋中间，而偏于大洋的东侧。它从北美洲西部海域起，向南延伸呈弧形走向，转向秘鲁外海，向南接近南极洲，通过南太平洋，然后折向西绕过澳大利亚，与印度洋洋脊的东南支衔接起来。

三大洋的洋中脊是彼此互相联结的一个整体，是全球规模的洋底山系。它起自北冰洋，纵贯大西洋，东插印度洋，东连太平洋海隆，北上直达北美洲沿岸，全长达 8 万多千米，相当于陆地山脉的总和。

海底火山与平顶山

1963 年 11 月 15 日，在北大西洋冰岛以南 32 千米处，海面下 130 米的海底火山突然爆发，喷出的火山灰和水汽柱高达数百米，在喷发高潮时，火山灰烟尘被冲到几千米的高空。

经过一天一夜，人们突然发现从海里长出一个小岛。人们目测了小岛的大小，高约 40 米，长约 550 米。海面的波浪不能"容忍"新出现的小岛，拍打冲走了许多堆积在小岛附近的火山灰和多孔的泡沫石，人们担心年轻的小岛会被海浪吞掉。但火山在不停地喷发，熔岩如注般地涌出，小岛不但没有消失，反而在不断地扩大长高。到 1964 年 11 月底，新生的火山岛已经长到 170 米高、1700 米长了，这就是苏尔特塞岛。经过海浪和大自然的洗礼，小岛经受住了严峻的考验，巍然屹立于万顷波涛的洋面上，而且岛上居然长出了一些小树和青草。

图 2-20　苏尔特塞岛

1966 年 8 月 19 日，这座火山再度喷发，水汽柱、熔岩沿火山口冲出，高达数百米，之后仍然断断续续喷发，直到 1967 年 5 月 5 日才告一段落。这期间，火山每小时喷出熔岩约 18 万吨，小岛也趁机发育成长，快时每天增加 4 万平方米。

海底火山的分布相当广泛，大洋底散布的许多圆锥山都是它们的杰作，火山喷发后留下的山体都是圆锥形状。据统计，全世界共有海底火山 2 万多座，太平洋就拥有一半以上。这些火山中有的已经衰老死亡，有的正处在活跃时期，有的则在休眠，不定什么时候又会"东山再起"。现有的活火山，除少量零散分布在大洋盆外，绝大部分在岛弧、中央海岭的断裂带上，呈带状分布，统称海底火山带。太平洋周围的地震火山，释放的能量约占全球的 80%。海底火山，死火山也好，活火山也好，统称为海山。海山的个头有大有小，一两千米高的小海山最多，超过 5 千米高的海山就少得多了，露出海面的海山（海岛）更是屈指可数。美国的夏威夷岛就是海底火山的功劳。它的面积达 1 万多平方千米，岛上有居民 10 万余众，气候湿润，森林茂密，土地肥沃，山清水秀，盛产甘蔗与咖啡，有良港与机场，是旅游的胜地。夏威夷岛上至今还留有 5 个盾状火山，其中冒纳罗亚火山海拔 4170 米，它的大喷火口直径达 5000 米，常有红色熔岩流出。1950 年曾经大规模喷发过，是世界著名的活火山。

海底山有圆顶，也有平顶。平顶山的山头仿佛是被什么力量削去似的。以前，人们也不知道海底还有这种平顶的山。第二次世界大战期间，为了适应海战的要求，需要摸清海底的情况，便于军舰潜艇活动。美国科学家 H. H. 赫斯当时在"约翰逊"号任船长，接受了美国军方的命令，负责调查太平洋海底的情况。他带领全舰官兵，利用回声测深仪，对太平洋海底进行调查，发现了数量众多的海底山，它们或是孤立的山峰，或是山峰群，大多数成队列式排列着。这是由裂谷缝隙中喷溢而出的火山熔岩形成的。这是人类首次发现海底平顶山。这种奇特的平顶山有高有低，大都在 200 米以下，有的甚至在 2000 米深。凡水深小于 200 米的平顶山，赫斯称为"海滩"。1946 年，赫斯正式命名位于 200 米深

活火山、死火山和休眠火山

活火山指现代尚在活动或周期性发生喷发活动的火山，这类火山正处于活动的旺盛时期。如爪哇岛上的默拉皮火山，21 世纪以来，平均间隔两三年就要持续喷发一个时期。我国近期火山活动以台湾岛大屯火山群的主峰七星山最为有名，大陆上，仅 6 年前在新疆昆仑山西段于田的卡尔达西火山群有过火山喷发记录，此次火山喷发形成了一个平顶火山锥。

死火山指史前曾发生过喷发，但有史以来一直未活动过的火山。此类火山已丧失了活动能力，有的火山仍保持着完整的火山形态，有的则已遭受风化侵蚀，只剩下残缺不全的火山遗迹。我国山西大同火山群在方圆约 123 平方千米的范围内，分布着 99 个孤立的火山锥，其中狼窝山火山锥高将近 1900 米。

休眠火山指有史以来曾经喷发过，但长期以来处于相对静止状态的火山。此类火山都保存有完好的火山锥形态，仍具有火山活动能力，或尚不能断定其已丧失火山活动能力。如我国长白山天池曾于 1327 年和 1658 年两度喷发，在此之前还有多次活动。目前虽然没有喷发活动，但从山坡上一些深不可测的喷气孔中不断喷出高温气体，可见该火山目前正处于休眠状态。

链接

图 2-21　长白山天池

的平顶山为"盖约特"。

　　赫斯发现海底平顶山之后，非常纳闷，他苦苦思索着：山顶为什么会那么平坦？滚圆的山头到哪儿去了？后来，经过科学家们的潜心研究，终于解开了这个谜。原来海底火山喷发之后形成的山体，山头当时的确是完整的，如果海山的山头高出海面很多，任凭海浪怎样拍打，都无法动摇它，因为海山站稳了脚跟，变成了真正的海岛，夏威夷岛就是一例。倘若海底火山一开始就比较小，处于海面以下很多，海浪的力量达不到，山头也安然无恙。只有那些不高不矮，山头略高于海面的，海浪趁它立足未稳，拼命地进行拍打冲刷，年深日久，就把山头削平了，成了略低于海面、顶部平坦的平顶山。

海底温泉

现在的海底有无温泉？海底的温泉是什么样子？近20年来，经过科学家反复调查，发现现在的大洋底也有温泉，可惜一般人无法看到。有朝一日，具备了到大洋底旅游的科学技术时，大家才可能去一饱眼福。

1977年10月，美国科学家乘"阿尔文"号深潜器，来到东太平洋海隆的加拉帕格斯深海底，在大断裂谷地考察时惊奇地发现：这里的海底，耸立着一个个黑色烟囱状的怪物，其高度一般为2～5米，呈上细下粗的圆筒状。从"烟囱口"冒出与周围海水不一样的液体，这里的温度高达350℃。在"烟囱"区附近，水温常年在30℃以上，而一般大洋底的水温只有4℃，可见，这些海底"烟囱"就是海底的温泉。

在如此高温的大洋底，有活着的生物吗？科学家进一步考察，发现在海底温泉口周围，不仅有生物，而且形成了一个新奇的生物乐园：有血红色的管状蠕虫，像一根根黄色塑料管，最长的达3米，横七竖八地排列着，用血红色的肉芽般的触手，捕捉、滤食水中的食物。这些管状蠕虫既无口，也无肛门，更无肠道，就靠一根管子在海底蠕动生活，但体内有血红蛋白，触手中充满血液。有大得出奇的蟹，没有眼睛，却可爬到任何地方；有又大又肥的蛤，体内竟有红色的血液，它们长得很快，一般有碗口大；还有一种形状如蒲公英花的生物，常常几十个连在一起，有的负责捕食，有的负责消化，各有分工，忙而不乱。这里的生物很有特色，其乐融融，成了真正的"世外桃源"，科学家称这里为"深海绿洲"。处在水下几千米的海底，没有阳光，不能进行光合作用，没有海藻类植物，这里的动物靠什么生活呢？科学家们研究认为：这里水中的营养盐极为丰富，是一般海底的300倍，比生物丰富的水域还高3～4倍。这里的海洋细菌，靠吞食温泉中丰富的硫化物而大量迅速地蔓延滋生，然后，海洋细菌又成了蠕虫、虾蟹与蛤的美食。在这个特殊的深海环境里，孕育出了一个在黑暗、高压下生存的生物群落。看来，"万物生长靠太阳"的说法，在这里不适用了。这是科学家们意外的发现。但是，实验表明，这个深海底特殊的生物乐园，生命力是脆弱的，一旦把它们移到海面，在常压情况下，它们一个个都命不长久，死的死，烂的烂，顷刻间土崩瓦解。

海底温泉，不但养育了一批奇特的海洋生物，还能在短时间内生成人们所需要的宝贵矿物。那些"黑烟囱"冒出来的炽热的溶液，含有丰富的铜、铁、硫、锌，还有少量的铅、银、金、钴等金属和其他一些微量元素。当这些热液与4℃的海水混合后，原来无色透明的溶液立刻变成了黑色的"烟柱"。经过化验，这些烟柱都是金属硫化物的微粒。这些微粒往上跑不了多高，就天女散花般从烟柱顶端四散落下，沉积在"烟囱"的周围，形成了金属含量很高的矿物堆。人们过去知道的天然成矿历史，是以百万年来计算的。现在开采的石油、煤、铁等矿产，都是经历了若干万年才形成的。而在深海底的温泉中，通过"黑烟囱"的化学作用来造矿，大大地缩短了成矿的时间。一个"黑烟囱"从开始喷发，到最终"死亡"，一般只要十几年到几十年。在短短几十年的时间里，一个"黑烟囱"可以累计造矿近百吨。而且这种矿基本没有土、石等杂质，都是含量很高的各种金属的化合物，稍加分解处理，就可以利用。这是科学家在海底温泉的重大发现。

这种海底温泉多在海洋地壳扩张的中心区，即在大洋中脊及其断裂谷中。仅在东太平洋海隆一个长6千米、宽0.5千米的断裂谷地，就发现10多个温泉口。在大西洋、印度洋和红海都发现了这样的海底温泉。初步估算，这些海底温泉每年注入海洋的热水，相当于世界河流水量的三分之一。它们抛在海底的矿物，每年达十几万吨。在陆地矿产接近枯竭的时候，这一新发现的价值之重大，就不言而喻了。

海底沉积物

在地中海南岸，有个叫突尼斯的地方，在它附近的马迪亚海区水下40米处，人们发现有许多埋在淤泥中的大理石柱，据历史学家考证这些石柱是2000年前的文物。这一发现公布之后，引起奥地利考古学家的兴趣，他们即刻组织潜水员前往现场考察，并在那里发现了一些古代的拱桥和大型建筑。经过进一步研究，科学家认为这是古代的一座城市。在人类历史的长河中，由于海陆变迁、地震、火山、暴潮、洪水和战争等天灾人祸，一些城市、村镇、港口等沉入海底；至于因大风、巨浪、冰山碰撞、海战等原因葬身大海的舰船，那就更多了。随着科学的发展与潜水打捞技术的提高，这些沉睡海底的宝藏，不断与世人见面。1991年，苏联和加拿大两国科学家组成的联合考察队，对沉没在海底79年的"泰坦尼克"号船，进行了科学考察，并制作了160小时的录像，详细地记录了这艘豪华客轮在深海环境下发生的变化。

"泰坦尼克"号，1912年4月从南安普敦港首航纽约时，不幸撞上一座巨大的冰山，沉没在北大西洋3700米以下的海底，导致1500名乘客丧生。

海洋在地球上已存在40多亿年了。在这漫长的地质年代里，由陆地河流和大气输入海洋的物质以及人类活动中落入海底的东西，包括软泥沙、灰尘、动植物的遗骸、宇宙尘埃等，日积月累，已经多得无法计算了。科学上把这些东西统称为海底沉积物。1995年5月5日，据新华社报道，我国科学家在塔里木盆地发现巨大的海相生油田。塔里木盆地位于我国大西北内陆，面积56万平方千米，差不多有4个山东省那么大。科学家考证，在1亿多年以前，那儿曾是波涛汹涌的海洋。后来，由于喜马拉雅造山运动，将它挤压和抬高，由海洋变为陆地，最后变成一片沙漠。当

图2-22　沉默在海底的古代城市

年在塔里木海洋中，生长茂密的生物群和掩埋在海底的大量沉积物中的有机质，在高压高温和特殊的地层环境中，变成了今天发现的大油田。石油深藏在地下 5000 米的地方，这 5000 米的地层，有很大一部分就是海底的沉积物，现在也变成了岩石或化石。

深海探险家——"奋斗者"号

在电影《地心游记》中，地表之下有一个生机勃勃的地心世界，那里甚至有一片海洋，生活着各种史前生物。看完主人公的冒险之旅，人们不由得为电影的想象力拍案叫绝。不过，地表下的海洋并非完全虚构，随着深海钻探的不断开展，科学家发现，在深海之下存在着大量的液体，甚至可以称之为"海底下的海洋"。但由于深藏于数千米的深海之下，科学家只能通过钻探取得的样品对其进行研究。由我国自主研发的万米载人潜水器——"奋斗者"号，有望揭开"海底下的海洋"的神秘面纱。

我国在深海载人潜水器的研究上，起步相对较晚，但发展很快。1986 年，我国第一个载人潜水器——7103 救生艇研制成功。虽然当时它只能下潜 300 米，但它仍属于那个年代较先进的救援型载人潜水器。三十多年后的今天，我国已拥有"蛟龙"号、"深海勇士"号、"奋斗者"号三台深海载人潜水器，还有"海斗""潜龙""海燕""海翼"和"海龙"号等系列无人潜水器，已经初步建立全海深潜潜水器谱系。继 2012 年"蛟龙"号下潜 7062 米，中国迈出作业型载人深潜征程第一步之后，2020 年 11 月 10 日 8 时 12 分，"奋斗者"号在马里亚纳海沟成功坐底，坐底深度为

10909 米，刷新了中国载人深潜的新纪录。

"奋斗者"号载人潜水器融合了"蛟龙"号和"深海勇士"号深潜装备的"优良血统"，不仅采用安全稳定、动力强劲的能源系统，还拥有更加先进的控制系统、定位系统以及更加耐压的载人球舱和浮力材料，在耐压结构设计及安全性评估、钛合金材料制备及焊接、浮力材料研制与加工、声学通信定位、智能控制技术、锂离子电池、海水泵、作业机械手制造等方面实现多项重大技术突破。

载人舱是全海深潜载人潜水器的核心关键部件，是整个潜水器里规格最大的一个耐压容器，是人类进入万米深海的硬件保障和安全屏障。与国外的深潜载人潜水器不同，"奋斗者"号的载人舱呈球形，能同时容纳 3 名潜航员。在万米海深的极端压力条件下，按照"奋斗者"号的目标尺寸和厚度要求，目前，世界现有深潜载人潜水器载人舱常用的 Ti64 合金已经不能达标，需要找到一种更高强度、高韧性、可焊接的钛合金。中国科学院金属研究所、宝钛股份、725 所等单位联合攻关，回避元素周期表中处于钛下方的难熔金属元素，酌量增加其右方元素，实现强度和韧性的最佳配比，通过实验验证原创出中国自己的新型钛合金 Ti62A。其韧性和可焊性与 Ti64 相当，强度还提高了 20%。通过建造万米载人球舱，我国钛合金铸锭质量、板材幅宽与厚度等钛合金制造技术指标均打破国内纪录，电子束焊技术国际领先。

在一片漆黑的深海底，地形环境十分复杂。为了避免"奋斗者"号"触礁"，中国科学院沈阳自动化研究所科研人员，针对深渊复杂环境下大惯量载体多自由度航行操控、系统安全可靠运行等技术难题，自主研发实现了基于数据与模型预测的在线智能故障诊断、在线控制分配的容错控制以及海底自主避碰等功能。"奋斗者"号控制系统提高了潜水器的智能程度和安全性，并采用基于神经网络优化的算法实现了大惯量载体贴近海底自动匹配地形巡航、定点航行及悬停定位等高精度控制功能。其中，水平面和垂直面航行控制性能指标达到国际先进水平。

除此之外，科研人员还给"奋斗者"号装上了一双高度灵活且有力的"手"，在开展万米作业时，具有强大的作业能力，能顺利完成岩石、生物抓取及沉积物取样器操作等精准作业任务。这项技术填补了我国应用全海深液压机械手开展万米作业的空白。

"奋斗者"号研制及海试的成功，标志着我国具有进入世界海洋最深处开展科学探索和研究的能力，体现了我国在海洋高技术领域的综合实力，也为建立和发展我国海斗深渊生物学、海斗深渊生态学、海斗深渊地学等多个学科体系打下了良好的基础。

第 3 章

陆地水

水循环

　　水在地球上的状态包括固态、液态和气态。地球上的水多数存在于大气层、地面、地底、湖泊、河流及海洋中。水循环是指地球上不同地方的水，通过吸收太阳的能量，转变状态从而转移到地球上另外一个地方的过程。水会通过一些物理作用，例如蒸发、降水、渗透、表面的流动和地底流动等，由一个地方移动到另一个地方，如水由河川流动至海洋。

　　水循环分为海陆间循环、陆上内循环和海上内循环。江河湖海中的水，潮湿的土壤、动植物体内的水分，时刻被蒸发、蒸腾到空气中。寒冷地区的冰雪也在缓慢地升华。这些水汽进入大气后，成云致雨，或凝聚为霜露，又返回地面，渗入土壤或流入江河湖海。后又蒸发（升华），再凝结（凝华）下降。因此在自然界里，水周而复始，并在循环运动中不断改变着自身的状态。液态的水，可以凝固为固态的冰，也可以蒸发为气态的水汽；气态的水汽可以凝结为液态的云、雾、雨、露，也可以凝华为固态的冰、雪、雹、霜；而固态的冰、雪、雹、霜可以融化为液态的水，也可以升华为气态的水汽。雨、露、霜、雪等都是这种水循环过程中的产物。

　　这种海洋和陆地之间水的往复运动过程，称为水的大循环。仅在局部地区（陆地或海洋）进行的水循环称为水的小循环。环境中水的循环是大、小循环交织在一起的，并在地球上各个地区

图 3-1 地表水和地下水循环

内不停地进行着。

地表水和地下水循环包括蒸发、降水、径流三个阶段。第一阶段——蒸发，是水循环中最重要的环节之一。当液态水受热，会变成气体飘散到空气中，这种透明的无色无味的气体叫作水汽，这个由液态水变为气态水的过程叫作蒸发，由蒸发产生的水汽进入大气并随大气活动而运动。大气中的水汽主要来自海洋，少部分来自大陆表面。第二阶段——大气水汽输送，水汽输送是水循环中最活跃的环节之一。大气层中水的循环是蒸发—凝结—降水—蒸发周而复始的过程。海洋上空的水汽可被输送到陆地上空凝结降水，这种降水称为外来水汽降水；大陆上空的水汽直接凝结降水，称为内部水汽降水。第三阶段——径流，径流是指雨水降落或融雪流到地面后，直接由地面河流流至海洋的雨水或融雪。径流包含地表径流，和有一部分地表水下渗之后形成的地下径流。

陆地水是陆地上水体的总称，一般指存在于河流、湖泊、冰川、沼泽和地下的水体。陆地水循环是降水—地表和地下径流—蒸发（蒸腾）—水汽输送的复杂过程。陆地上的大气降水、地表径流及地下径流之间的交换称为三水转化。流域径流是陆地水循环中最重要的现象之一。地下水的运动多维且复杂，通过土壤和植被的蒸发、蒸腾向上运动成为大气水；通过入渗向下运动可补给地下水，通过水平方向运动又可成为河湖水的一部分。地下水储量很大，是经过长年累月蓄积而成的，但水量交换周期很长，循环极其缓慢。地下水和地表水的相互转换是研究水量关系的主要内容之一，也是现代水资源计算的重要问题。

水循环是"传输带"，它是地表物质迁移的强大动力和主要载体。更重要的是，通过水循环，海洋不断向陆地输送淡水，补充和更新陆地上的淡水资源，从而使水成为可再生的资源。水循环的主要作用表现在三个方面。第一，水是营养物质的介质，营养物质的循环和水循环不可分割地联系在一起；第二，水是许多物质的溶剂，在生态系统中起着能量传递和利用的作用；第三，水是地质变化的动因之一，一个地方矿质元素的流失和另一个地方矿质元素的沉积往往要通过水循环来完成。

总之，水循环犹如自然地理环境的"血液循环"，它沟通了各基本圈层的物质交换，促使各种联系发生。水循环过程同时承担水文过程、气候过程、地形过程、土壤过程、生物过程以及地球化学过程等功能。

河流

河流是主要的陆地水体之一。对于地球而言，河流如同血液之于人类生命一样重要。河流流向地球的每一个角落，给每一片土地带去它们所需要的水分与营养，正因为如此，地球才显得生机勃勃。河流是孕育人类文明的摇篮，从历史上来看，几乎每一个人类的文明都发祥于大河流域，拥有河流，人类文明才会欣欣向荣。

河流是怎么形成的

在日常生活中，下雨或下雪，我们都是司空见惯。从天上降落下来的雨或雪，一部分渗透到地下成为地下水，一部分蒸发回到大气层，其余约三分之一形成地表水。

在寒冷地带地表水以冰雪的形式存在，随着天气变暖，冰雪逐渐融化成水缓缓流出。地表水会沿着天然斜坡往下流动，形成斜坡面流。斜坡面上自然地分布着很多的沟壑、低洼处。在斜坡上流动的面状水流，便会在流动过程中趋向于汇入这些低洼的地方。在汇入之后，水的流速加快，增大了冲刷力。一次次水的汇集，一次次地冲刷，便会使得这些低洼地区逐渐加深、扩大，从而形成纵横的沟槽，地质学家称这种沟槽为"冲沟"。就这样，冲沟中的流水一边向下冲刷、加深水道，同时还可以回过头来对山脉进行"溯源侵蚀"，即向后一点点地拓展它的长度，使得沟谷的源头一点点地向着山脉最高处的方向发展。

长期汇入冲沟的降水会对冲沟进行竖直向下的侵蚀与破坏，最终将沟底越冲越深，形成壁立千仞的峡谷。当冲沟的深度发展到地下水所在的深度时，冲沟的水供给便有了新的保障，即使没有冰雪融水，在雨水大量汇集和地下水及时补给的条件下，地表沟槽中的水流也会逐渐壮大。最终在地球表面形成有相当大水量且常年或季节性流动的天然线形水流，就是人们经常说到的河流。

世界上最长的河流尼罗河，发源于维多利亚湖西群山，流经坦桑尼亚、布隆迪、卢旺达、乌干达、苏丹、埃及等国，注入地中海，河流全长 6670 千米，流域面积 325 万平方千米；世界第二长河亚马孙河，发源于安第斯山脉，流经秘鲁、巴西等国，注入大西洋，河流全长 6400 千米，流域面积 705 万平方千米；世界第三长河长江，发源于唐古拉山脉，流经中国，注入东海，河流全长 6300 千米，流域面积 180.7 万平方千米。

河流为何多曲折

复杂的地形是导致河流弯弯曲曲的原因之一。因为江河两岸的土壤结构、硬度不可能完全一样，土壤内部所含的盐碱等化学成分及其数量也不可能完全相同，所以当它们完全溶于水后，就不同程度地改变了两岸土壤承受水流冲击力的能力。

地球的自转作用是导致河流弯弯曲曲的第二个原因。地球自转的方向是自西向东，其产生的地转偏向力，使北半球的河流冲洗右岸比左岸厉害些，而南半球的河流则刚好相反。

由于水流在河床中依照曲线流动，而水流在某个地方偏移一些以后，在离心作用下，要压向凹入的一岸，同时，河床也要脱离开凸出的一岸。这样，河流不但没有机会恢复其直线方向，反而使偏移越来越大，成了一条弯曲的曲线了，而且曲率越来越大。与此同时，河流又不可能顺河床一边流，而总是从一边折向另一边，从凹入的一边折向最近的凸出的一边，于是，平原上的河流，也就拥有了"九曲十八弯"的标准形象。

经过千万年的冲刷，无数的循环，再加上由于凸出的一岸水流速度偏慢，泥沙的沉积越来越多，蜿蜒曲折的河流就形成了。

河流的冲刷作用

地表水的动态水量为河流径流和冰川径流，静态水量则用各种水体的储水量表示。地表流水逐渐向低洼沟槽中汇集，水量渐大，携带的泥沙石块也渐多，侵蚀能力加强，使沟槽向更深处下切，同时使沟槽不断变宽，这个过程称为冲刷作用。如黄土高原千沟万壑的地形就是水流的冲刷作用造成的。

黄土高原是中华民族的发祥地，很多朝代在此建都，至今保留着许多文物古迹。它西起乌鞘岭，东至太行山，南靠秦岭，北抵长城，涉及青海、甘肃、宁夏、内蒙古、陕西、山西、河南等省区，总面积 64 万平方千米。黄土高原是中国悠久历史文化精粹所在地。但它也是我国水土流失最严重、生态环境最恶劣、经济

图 3-2　黄土高原地貌

发展滞后的地区。严重的水土流失，不但制约了当地经济社会的可持续发展，而且极大地威胁着黄河下游的安全，成为困扰中华民族千年的心头大患。

黄河中游黄土高原地区的植被稀少，土壤疏松，暴雨较多，地形破碎。而地面坡度越陡，地表径流的流速越快，对土壤的冲刷侵蚀力就越强。水土流失的加剧，致使黄土高原沟壑发展速度十分惊人。

地表水对地表冲刷的另一个突出的表现是河流地貌。河流地貌是河流作用于地球表面所形成的各种侵蚀、堆积形态的总称，包括沟谷、侵蚀平原等河流侵蚀地貌，冲积平原、三角洲等河流堆积地貌。研究河流地貌，掌握河流的演变过程，预测河流的变化趋势，对水利、交通、工农业生产和城镇建设都具有重要意义。

河流的溶蚀作用

溶蚀作用是指水对可溶性岩石的化学侵蚀作用，当水中含有二氧化碳时，具有较强的溶蚀能力，在易溶岩区（如石灰岩区）溶蚀作用尤其明显。在我国分布十分广泛的喀斯特地貌就是在水的溶蚀作用下形成的。

"喀斯特"一词源自斯洛文尼亚的喀斯特高原，在当地的意思中就是布满岩石的区域。这里主要由石灰岩组成，经过长时间的水流溶蚀，形成了独特的地形地貌，地质学家将其命名为喀斯特地貌。喀斯特地貌因存在水对可溶性岩石产生溶解作用形成的地表结构和地下形态，也称岩溶地貌。喀斯特地貌在我国分布广泛，集中分布于桂、黔、滇等省区，川、渝、湘、晋、甘、藏等省区市部分地区亦有分布。

图 3-3　喀斯特地貌

水对可溶性岩石所进行的作用，是形成喀斯特地貌的主要原因。当雨水或者地下水与地面中的碳酸盐类岩石接触时，就会有少量碳酸盐溶于水中。经过长时间的溶解，就形成了现在的喀斯特地貌。其分布位置大多在溶洞和地下河地区。

地表喀斯特地貌类型主要有溶沟和石芽、天坑和竖井、溶蚀洼地、溶蚀谷地、干谷、峰林、峰丛、孤峰、天生桥和地表钙华堆积等。

湖泊

湖泊是长期占有大陆封闭洼地的水体，并积极参加大自然的水循环，成为地表水的一种类型。

湖泊的产生环境

湖泊的分布没有地带性规律可循，也不受海拔的限制，它们可以分布在地球表面任何一个地理或气候区域，如热带、温带和寒带，也可以发育在低海拔的滨海平原和低地，或在高海拔的高原、盆地。总之，凡是地面上排水不良的洼地都可以储水并发育成湖泊。

图 3-4　湖泊

我国幅员辽阔，区域地理环境复杂，千差万别，而处于不断变化和发展过程中的湖泊，或因区域地理环境的差异，或因形成和发育阶段的不同，从而在湖泊地貌、湖泊水文、湖泊化学和湖泊生物诸方面显示出不同的特点和丰富多彩的类型：既有浅水湖泊，又有深水湖泊；既有淡水湖泊，又有盐湖；等等。

所有湖泊都是在一定的地理环境下形成和发展的，并且和环境诸因素之间相互作用和影响。但是，不论是什么原因形成的湖泊，都必须具备湖盆（即洼地）和水体（洼地中所蓄积的水量）。

湖泊分类

湖盆是湖水赖以存在的前提，湖盆的形态特征不仅可以直接或间接地反映其形成和演变过程，而且在很大程度上还制约着湖水的理化性质和生物类群；而水体则是湖泊的主要内涵，是湖泊的基本条件。在以往的地理学中，通常以湖盆的成因作为湖泊成因分类的唯一依据。湖泊的成因有很多因素，如火山、地震活动可以形成火山湖、堰塞湖，地壳运动可以形成构造湖。这些湖统称为内力湖，意思是它们由地球内部力量作用产生。与之对应的是外力湖，是在流水、风、冰川等地球外力起主导作用的情况下形成的，如冰川湖、海成湖、河成湖、风成湖。

通常认为，凡在构造盆地或洼地上形成的湖泊都称为构造湖。不过，最近的研究成果表明，上述观点应有时间的界定，即在构造盆地形成的同时，或时隔不久，而且又没有其他外力影响下而形成的湖泊才可称作构造湖。鄱阳湖就是一个很好的例子。鄱阳湖盆地形成于第三纪，但当时并未成湖，而是赣江下游平原。汉代时该平原上还建有诸侯王国，如海昏侯国，以及郡县等。只是到了 400 年前后，由于长江主泓道南移，阻碍了赣江水的宣泄而储水成湖。所以说，它是河成湖，长江中下游一些大中型湖泊亦如此。又如水库，是人工筑坝拦堵河流（或河谷）上游，使之积水成湖，其宽广的河谷（后来的湖盆）都是构造作用形成，但人们称它为人工湖泊而不是构造湖，就是一个很好的证明。

湖泊形成以后的变化

湖泊形成以后一直处于不断的运动和变化之中，一些湖泊形成和扩大了，而另一些湖泊则萎缩成沼泽或消失了；也有许多淡水湖逐渐咸化，乃至变成盐湖。造成湖泊演化的主要因素是气候、人为因素和泥沙淤积等。目前我国除少数湖泊因近期该地区气候渐趋湿润或人口筑堤建闸，使湖面有所扩大外，绝大多数湖泊均处于自然或人为作用下的消亡过程中。在生产力比较发达的今天，人为因素对湖泊演化的影响更为突出和迅速了。

对湖泊形成和演化史的研究，使我们更加了解湖泊本身不仅是一个自然综合体，而且它和周围的环境相互关联、相互影响，因而人们在利用湖泊资源时要慎之又慎，不要图一时之利而造成湖泊环境的不可挽回的恶化。

地下水

在我们平时的生活中，有一部分饮用水就来自地下水，我们只要打开水龙头，就可以轻松地获得。但是如果我们置身于野外，比如干旱的沙漠，有什么方法可以帮助我们找到地下水源呢？劳动人民在长期实践中，根据草木的生长分布，鸟兽虫等的出没活动，总结出了一些寻找浅层地下水的线索。

例如在干旱的沙漠、戈壁地区，生长着柽柳、铃铛刺等灌木丛，这些植物告诉我们，这里地表下 6 ～ 7 米深就有地下水；有胡杨林生长的地方，地下水水位距地表面不过 5 ～ 10 米；芨芨草指示地下水位于地表下 2 米左右；茂盛的芦苇指示地下水水位只有1米左右；如果发现喜湿的金戴戴、马兰花等植物，便可知这里下挖50厘米或1米左右就能找到地下水。

图 3-5　柽柳

图 3-6　胡杨林

在我国南方，寻找地下水就容易得多。根深叶茂的竹丛不仅生长在河流岸边，也常生长在与地下河有关的岩溶大裂隙、落水洞口等地方。在许多岩溶谷地、洼地，生长着成串的或独立的竹丛，往往就是有大落水洞的标志。这些落水洞，有的在洞口能直接看到水，有的在洞口看不到水，但只要深入下去，往往便能找到地下水。另外，在地下水埋藏浅的地方，泥土潮湿，蚂蚁、蜗

链接

落水洞

在喀斯特地貌中，地表水汇流于喀斯特漏斗流入地下，在侵蚀作用和重力作用下，最终形成开口于地面而通往地下深处裂隙（地下河或溶洞）的洞穴，即落水洞。其大小不一，形态各异，有垂直的，有倾斜的，也有弯曲的。根据形态分为两种：一是裂隙状落水洞，形态狭长，呈一定倾斜和曲折向地下延伸，这种落水洞分布最广；二是井状落水洞，其深度和宽度都很大。在塌陷漏斗基础上形成的落水洞，即竖井也叫"天坑"，地表水垂直流入地下河，深度可达数十米至数百米。

这些方法可以帮助我们在野外方便地找到地下水源。专业的地下水勘探工作，则根据已经有的科学理论。确定地下水位置，大致要经历三个步骤：确定找水方向，实地调查访问，物探定井。

牛、螃蟹等喜欢在此做窝聚居；冬天，青蛙、蛇类动物喜欢在此冬眠；夏天的傍晚，因其潮湿凉爽，蚊虫通常在此呈柱状盘旋飞绕。

确定找水方向

在寻找地下水之前，要把人们过去调查所得的关于该地区的地质、地形、泉、井等资料都详细收集、研究，分析得出本区域内什么地方可能含有地下水。例如在平原地区，主要是一些湖泊和河流冲积形成的砂层和砾石层中含有地下水，这种含水层的分布面积往往比较大，中国东部的几大平原都是如此；在河流附近，要找古河床中的地下水；靠近山麓的平原地带，要找洪积扇中的地下水；在山区和丘陵地带，情况要复杂一些，要找地下水首先要找含水性较好的岩层。

实地调查访问

要寻找地下水，仅靠少数技术人员是不够的，必须发动和依靠当地群众，因为他们对当地的一山一水、一草一木最熟悉。一些找水的谚语，是劳动群众长期生产经验的总结，往往能较好地反映当地地下水的分布规律。比如"两山夹一嘴，必定有泉水""山扭头，有大流"等都包含一定科学道理。找水的过程中必须对现有的水井和泉水进行调查。要了解地下水是从哪一层岩土中流出来，含水层有多厚，水质好不好，等等。不仅要调查已经成功出水的水井，还要调查没有打成功的水井。综合分析过往找水的经验和教训，可以使我们在今后的找水过程中更有把握。

物探定井

为找水进行的前期地质调查可以回答有没有水的问题，但某一个钻孔点水多还是水少，还需要通过物探的手段来最终确认。物探的手段多样，在应用前应与从事物探的技术队伍详细沟通，确保物探方法的有效性和结果的可靠性。值得一提的是，现有的绝大多数物探方法都是基于探测地下含水构造来推断是否富含地下水，唯有核磁共振法可以用来直接探测地下水的存在状态，具有高分辨率、高效率、信息量丰富等优点，是近些年来发展迅速的物探方法。

温泉是怎样形成的

温泉的形成，一般而言可分为两种。

第一种是地壳内部的岩浆作用所形成，例如火山喷发伴随产生。火山活动过的死火山地形区，因地壳板块运动隆起的地表，其地底下还有未冷却的岩浆，会不断地释放出大量的热量，此类

图 3-7　美国怀俄明州黄石国家公园间歇泉

图 3-8　日本长野的地狱谷温泉

热源的热量集中，因此只要附近有带孔隙的含水岩层，不仅会受热成为高温的热水，而且大部分会沸腾，变成蒸汽，多为硫酸盐泉。如美国怀俄明州黄石国家公园间歇泉、日本长野的地狱谷温泉等。

第二种则是受地表水渗透循环作用而形成。也就是说当雨水降到地表向下渗透，深入地壳深处的含水层（砂岩、砾岩和火山岩这些良好的含水层）形成地下水。地下水受下方的地热加热成为热水，深处的热水多数含有气体，其中以二氧化碳为主。当热水温度升高，上面若有致密、不透水的岩层阻挡去路，会使压力愈来愈高，以致热水、蒸气处于高压状态，一有裂缝即窜涌而上。热水上升后愈接近地表则压力愈小，由于压力渐减而使所含气体逐渐膨胀，减轻热水的密度，这些膨胀的蒸气更有利于热水上升。上升的热水与下沉的较迟受热的冷水因密度不同而产生压力（静水压力差），并在压力作用下反复循环产生对流，在开放性裂隙阻力较小的情况下，循裂隙上升涌出地表，热水即可源源不绝涌升，终至流出地面，形成温泉。在高山深谷地形配合下，谷底地面水可能较高山中地下水水位低，因此深谷谷底可能为静水压力差最大之处，而热水上涌也应以自谷底涌出的可能性最大。温泉大多发生在山谷中河床上，如海南七仙岭温泉、四川海螺沟温泉等。

温泉的形成必须具备以下条件。第一，地下必须有热水存在（地底有热源存在）；第二，必须有静水压力差导致热水上涌（岩层中具有裂隙让温泉涌出）；第三，岩石中必须有深长裂隙供热水通达地面（地层中有储存热水的空间）。

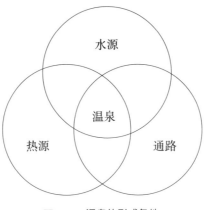

图 3-9　温泉的形成条件

水资源与城市发展

　　水资源是人类在生产和生活活动中广泛利用的资源，不仅广泛应用于农业、工业和生活，还用于发电、水运、水产、旅游和环境改造等。

　　河流是生活中人们最能直观感受到的水资源之一。河流为人类提供了灌溉、发电、渔业、城市用水，为航运及能源开发提供了极为有利的条件，世界上许多大河流域都是人类文明的发祥地。

　　古典人类文明基本都以河流及流域为发源地。古巴比伦文明发源于底格里斯河与幼发拉底河流域，古埃及文明发源于尼罗河

图3-10 幼发拉底河

图3-11 印度恒河

流域，古印度文明发源于印度河和恒河流域，中华文明则起源于黄河与长江流域。

河流的凹凸岸是地转偏向力作用形成的。凹岸流水的冲刷侵蚀作用强，凸岸有沉积作用，其地质条件稳定，基础坚实，取水安全性高，有利于作业，沉积的土层土壤也肥沃，有利于农业生产，军事上还可以用天然的水面作为防护，易守难攻，所以古代的居住地多在河流的凸岸，也就促进了古代城市的发展。

随着城市的发展，城市间交流逐渐增强，受到陆地交通的限制，水利运输的优势逐渐凸显。在天然河流无法满足各城市间的航运要求时，人们开始开挖运河。

中国的运河建设历史悠久，开凿于公元前506年的胥河，是世界上最古老的人工运河，亦是我国现有记载的最早的运河。秦始皇二十八年（公元前219年），为沟通湘江和漓江之间的航运而开挖了灵渠。主要建于隋朝的京杭大运河是世界上最长的运河，是中国古代劳动人民创造的一项伟大的水利建筑工程。元朝时取直疏浚，使其进一步通到北京，全长1700多千米，这就是现今的京杭大运河。

放眼世界，19世纪出现了举世闻名的三大运河建设，即基尔运河、苏伊士运河和巴拿马运河。

在近现代的城市发展中，丰富的水资源不仅提供了足够的生活与工业用水，同时促进了旅游业、水产养殖业、运输业等行业的大力发展。例如黄浦江和东海滋润催生了上海，使之从一个小渔村迅速崛起，成为一座国际大都市。

在现代的城市群建设中，美国东北部大西洋沿岸城市群、日本太平洋沿岸城市群、英伦城市群、欧洲西北部城市群以及中国的环渤海城市群、长三角城市群、珠三角城市群、长江中游城市群等都依托于河流或者海洋提供的丰富的水资源。

第4章

土壤

土壤是怎样形成的

　　公园里美丽的鲜花、参天的大树，还有我们在超市中买到的各种各样新鲜好吃的水果蔬菜，都生长在土壤中，土壤孕育了许多生命。那么土壤是怎样形成的呢？

　　土壤的形成是一个极其漫长的过程，最开始是由于风化作用，慢慢地使岩石一点一点地破碎，变得疏松，这就是土壤最初的形态，我们称为"母质"。有一些风化的岩石留在了原地，同时，还有一些岩石由于水的冲刷、风的吹刮或者重力的作用，发生了移动，这些留在原地或发生移动的岩石，就形成了不同状态的母质。母质是土壤形成的基础和养分的最初来源，它直接影响着土壤最终的状态。

　　但是这些处于初始状态的土并没有营养物质，是没有任何肥力的，在这些土中无法生长出植物。这时候就需要生物的帮忙了。生物是促进土壤发展最活跃的因素，例如，多年生的木本植物凋落后，堆积在土壤的表层，形成粗有机质和较薄的腐殖质层；草本植物可以形成较深厚的土壤有机质层，形成的有机质或腐殖质品质较好，草本植物的须根可以使根分布层形成良好的土壤结构，提高肥力。动物粪便和残体是土壤有机质的来源，而且动物的活动可疏松土壤。微生物可以分解动植物残体、土壤有机物，释放各种养分，合成土壤腐殖质，固定大气中的氮素，增加土壤含氮量，参与养分形态转化。有了这些营养物质，土壤就会慢慢变得有肥力。

气候对于土壤的形成也有着重要的作用。不同的气候具有不同的降水和温度等自然条件，因此导致矿物的风化和合成、有机质的形成和积累、土壤中物质的迁移、分解、合成和转化速率也有所不同。例如，在湿润的地区，土壤风化程度和有机质含量高于干旱地区。在气候炎热的广东，花岗岩风化壳可达30～40米，在温暖的浙江达5～6米，但在寒冷的青藏高原则常常不足1米。

地形在成土过程中虽然不提供任何新的物质，但是可以使物质在地表进行再分配，使土壤及母质在接受光、热、水等条件方面有所差异。最后，时间可以阐明土壤形成发展的历史动态过程，母质、气候、生物和地形等对成土过程的作用随着时间延续而加强。

因此，我们可以发现，土壤的形成综合了母质、生物、气候、地形和时间这几个因素的共同作用，是一个漫长而又复杂的过程。

图4-1 不同气候条件下的土壤形态

土壤中的空气

　　当我们踩在沙滩上、田地上，会感觉脚下的土是松软的，而不是硬邦邦的。这是因为土壤中有着许许多多的孔隙，这些孔隙之中所储存的，就是空气和水分。土壤中有了空气，里面生活的动植物才可以呼吸。土壤之中的空气主要来自大气，但是其组成与我们平时所呼吸的空气是有所不同的。除了大气，土壤中的空气还有一部分来源于生命活动产生的气体，主要是二氧化碳。因此土壤的空气中，二氧化碳的含量要比大气中的高，而氧气的含量则比大气中的低。另外，土壤空气中的水汽含量也远高于大气，尤其是一些湿度很高的土壤。除此之外，在土壤中由于有机质的作用，还可能产生甲烷、硫化氢等气体。土壤空气中还经常有氨气存在，但数量不多。

图4-2　测量土壤中空气的成分

　　土壤中的空气除了气态之外，还有两种其他形态，分别是吸附态和溶解态。吸附态空气主要指的是土壤颗粒表面吸附的空气，这些吸附在土壤颗粒表面的空气，是很难跟土壤表面分离的。还有一种形态是溶解态空气，这种空气指的是溶解在土壤中的水里面的空气。当一些气体溶解在水中时，就会改变水的性质。比如，二氧化碳溶解在水中，就会成为碳酸。我们平时喝的雪碧、可乐等饮料，就是把二氧化碳溶在了液体中，成为碳酸。土壤空气也是一样，一些气体溶在土壤的水中，对土壤的性质有着很大的影响。

　　土壤中的空气并不是固定的，具有一定的流动性，就像我们平时需要开窗通风换气，植物的生长也需要新鲜的空气，同时排出废气，因此土壤空气与大气的气体交换过程十分重要。土壤中的空气主要是通过扩散的方式与大气进行交换的。当土壤中的空气组成部分的浓度和大气的组成部分的浓度存在差异的时候，浓度高的就会向浓度低的地方扩散，这就形成了气体的交换。还有一种交换方式是由于外力的作用发生的，比如降雨、耕作等。因此我们种植物前，进行适当的翻土，其实也是为了让新鲜的空气进去。每一次的气体交换，都使得新鲜的氧气进入土壤，并排出植物产生的二氧化碳。这个过程跟我们人类呼吸的过程很类似，因此这个过程也被称作土壤的呼吸过程。土壤保持疏松，就可以使土壤中的植物根系周围保持适宜的空气，从而使土壤中的一切变化过程保持正常。所以如果我们自己种植植物，千万不要浇过多的水，否则水占满了土壤中的空隙，就会挤走空气，使植物缺氧。

土壤矿物质与腐殖质

　　土壤可以种植各种各样的蔬菜水果，是因为它里面包含了大量的物质，给植物提供生长所需的养分。其中土壤矿物质和土壤腐殖质是两类重要的物质。

　　土壤矿物质占土壤固相部分总质量的 95% ～ 98%，是植物营养元素的重要供给来源。我们已经知道了土壤是由岩石风化形成的，在风化作用下，岩石破碎并形成了很多的碎屑，但是它们的化学成分并没有发生改变，这样的过程，叫作物理风化，这些碎屑就成为土壤中的原生矿物。原生矿物的种类多种多样，包括硅酸盐类、氧化物类、硫化物类和磷酸盐类等。除此之外，还有某些特别稳定的物质，比如石英、石膏、方解石等。你一定想不到，我们在商场里看到的各式各样闪闪发亮的水晶，它们的主要成分就是石英。

　　除了这些原生矿物以外，在岩石的风化作用中，如果其化学结构发生了变化，还会形成另一些矿物，是成土过程中新生成的物质，所以称为次生矿物。次生矿物包括高岭石、蒙脱石以及一些简单盐类等，在土壤中起到十分重要的作用。我们知道土壤可以吸收水分，而且有一定黏性，可以团成球，这些性质就与土壤的次生矿物有关。

　　除了矿物质，土壤中还有一种非常重要的物质，就是土壤腐殖质。土壤腐殖质在土壤中占有的比例很小，但是它们决定着土

图 4-3 石英

图 4-4 一种次生矿物——高岭石

壤肥力的高低。我们平时说的肥沃的土壤，指的是土壤腐殖质丰富的土壤。如果土壤腐殖质含量太少，那么就需要对土壤进行施肥，来增加它的肥力。那么土壤腐殖质是怎么形成的呢？其来源主要有四种。

第一种来源是植物的残体，比如落叶还有死亡的植物的枝干和根。这是在自然状态下土壤腐殖质的来源。这个过程对森林十分重要，而且我们还可以根据森林中凋落物的多少来划分森林种类，比如热带雨林的凋落物干物质量可以达到每平方千米 16700 千克，而荒漠只有每平方千米 530 千克。第二种来源是动物和微生物的残体，这种来源相对来说比较少，但是对于原始的土壤来说，微生物是其腐殖质的最早来源。第三种来源是动植物的排泄物和分泌物，这种来源也是比较少的，但是对土壤中腐殖质的转化有着非常重要的作用。最后一种来源就是人为的施肥了，为了提高土壤的肥力，增加产量，农民经常会对田地施有机肥，增加土壤中的营养物质。

土地利用

　　土地是人类赖以生存和发展的物质基础与宝贵自然资源，具备生态系统调节、作物生产、动植物栖息地、人居环境、自然文化历史档案、原材料供给等多种功能。土地利用是指在一定社会生产方式下，人们为了满足一定的需求，依据土地自然属性、功能及其规律，对土地进行的使用、保护和改造活动，以求更合理更高效地实现土地资源的利用。通俗来讲，就是土地做何种用途。我国规定将土地根据功能和用途分为农业用地、建设用地和未利用地三类。

　　农业用地又称农用地，主要体现作物生产功能和动植物栖息地功能，是直接或间接作为农业生产的土地，包括耕地、园地、林地、牧草地、养捕水面、农田水利设施用地（如水库、闸坝、排灌沟渠等），以及田间道路和其他一切农业生产性建筑物占用的土地等。目前，我国农业用地占全国土地总面积的56%左右，农业用地利用必须达到环境、社会、经济、生态等方面效益的平衡，以保持良性循环，永续利用。

　　建设用地是指建造建筑物、构筑物的土地，主要体现人居环境功能，包括城乡住宅和公共设施用地，工矿用地，交通、水利设施用地，旅游用地，军事用地，以及其他建设用地，等等。目前，我国建设用地占全国土地总面积的5%左右。近年来，我国由于建设用地扩展较快，侵占了原有的农业用地，对生态环境造成了危害，另外建设用地利用粗犷，结构和布局不够合理，导致土地浪费，因此对于建设用地的规划和管理仍有待加强。

未利用地是指农业用地和建设用地以外的土地，主要包括荒草地、盐碱地、沼泽地、沙地、裸土地、裸岩等。目前，我国未利用地占全国土地总面积的 25% 左右，应该加强对未利用地的治理、保护与开发，坚持科学开发，防止掠夺式开发，加大对未利用地开发的投资力度。

粗略统计，我国有盐碱地约 100 万平方千米，其中有约 33 万平方千米具有改造开发利用潜力。开展盐碱地综合利用，对保障国家粮食安全、端牢中国饭碗具有重要战略意义。在黄河三角洲农业高新技术产业示范区，盐碱土壤面积达 293 平方千米，占总面积的 80% 以上；土壤盐分含量从 1% 至 10% 自西向东梯次分布，覆盖了轻度、中度和重度 3 种盐碱地类型，是滨海盐碱地的典型代表，也是探索荒碱地治理新技术的天然试验场。通过与中国科学院、中国农业科学院、中国林业科学研究院等 56 家科研院所的 116 支专家团队合作，黄河三角洲农业高新技术产业示范区建设了智能农机、盐地种业、生物技术、益虫资源、盐碱地生态系统观测 5 个中试研发平台和设施农业测试验证平台，分类改造盐碱地，推动了由主要治理盐碱地适应作物向更多选育耐盐碱植物适应盐碱地转变，在盐碱地农业等方面取得了多项技术突破。近年来，示范区盐碱地上好消息连连：甘薯亩产 3528 千克、水稻亩产 515 千克、黑小麦亩产 450 千克、大豆亩产 302 千克……昔日"十年九不收"的盐碱地展露新颜。

土地与人类生活紧密相连，其变化也在深刻影响着各个国家和整个世界的社会经济持续发展。土地是易受破坏的有限资源，人们在对其进行农业、工业等利用时，必须进行区域规划以满足当下和将来的需要；在进行农业生产时必须保护土地的质量；在规划过程中，必须评估城市发展对周边土地的影响，从而采取有效的保护措施；各级政府都必须开展土地保护工作，接受公众的监督，并根据土地功能和社会经济发展的要求，因地制宜地确定土地利用方式，合理利用每寸土地。

图4-5　沼泽地

图4-6　裸岩

水土保持

　　土壤中的水分是植物生长必不可少的水源，土壤水主要来源于雨、雪、灌溉水及地下水，土壤中的水分也会参与岩石圈—生物圈—大气圈—水圈的水循环过程。土壤水主要是指吸附在土壤颗粒表面的水。但是，在水的冲蚀、风力等外力的作用下，水土资源和土地生产力会有一定的破坏和损失，包括土地表层侵蚀和水土损失。为了保护土壤不受侵蚀，保证土地的生产力，也为了使土壤中的水免遭损失，就必须进行水土保持，也就是常说的蓄水保土。水土保持是对自然因素或者人为活动造成水土流失所采取的预防和治理措施。那么要怎么做才能做好水土保持呢？

图 4-7　水土流失

水土保持的主要措施可以分为工程措施、生物措施和蓄水保土措施几种。

工程措施是为了防治水土流失危害，保护和合理利用水土资源而修筑的各项工程设施，包括治坡工程、治沟工程和小型水利工程，例如各类梯田、拦沙坝、鱼鳞坑、水池和灌溉系统等。生物措施采取的是造林种草及管护的办法，是一种增加植被覆盖率，维护和提高土地生产力的水土保持措施，主要包括造林、种草和封山育林、育草。蓄水保土措施是指增加植被覆盖率或增强土壤抗蚀力等方法，如等高耕作、等高带状间作、沟垄耕作、少耕、免耕等。黄土高原土质疏松，地形陡峭，植被覆盖率低，加上人为破坏，是水土流失的重灾区，我国针对黄土高原水土流失的情况采取了工程措施、生物措施和蓄水保土措施三种措施并用的方式，三种措施相互补充，取得了较好的成效。

"十二五"期间，我国共完成水土流失综合治理面积26.55万平方千米，治理小流域2万余条，实施坡改梯1.3万平方千米，修建骨干和中型淤地坝2000余座，建成生态清洁小流域1000多条，实施生态修复面积10余万平方千米，林草植被得到有效恢复，水土资源得到有效保护。同时我国继续加强长江中上游、黄河中上游、丹江口库区及其上游、京津风沙源区、西南岩溶区、东北黑土区等重点区域水土流失治理，在全国700多个县实施了国家水土保持重点治理工程，累计安排水土保持中央投资240多亿元，是"十一五"期间的两倍多，完成水土流失重点治理面积6.58万平方千米，坡改梯3726平方千米。在重要水源区和城镇周边地区，政府大力推进生态清洁小流域建设，为防治面源污染、改善人居环境、保护水资源等发挥了重要作用。凡是经过水土流失治理的地区，都取得了明显的生态、经济和社会效益。重点治理区生态环境明显改善，林草覆盖率普遍增加 10% ～ 30%，平均每年减少土壤侵蚀量近 4 亿吨，黄河潼关站 2011—2014 年平均输沙量仅为 1.78 亿吨。同时，治理区特色产业得到大力发展，每年增产果品约 40 亿千克。

土壤生态环境

土壤生态环境是土壤中的生物与其环境之间形成的一种协调状态，是岩石经过物理、化学、生物的侵蚀和风化作用，以及地貌、气候等诸多因素长期作用形成的。由于各地自然因素和人为因素的不同，就会形成各种不同类型的土壤生态环境。土壤生态环境是地球陆地表面具有肥力，适宜植物生长和微生物生存的疏松表层环境，由矿物质、动植物残体腐烂分解产生的有机物质以及水分、空气等固、液、气三相组成。

土壤固相包括土壤矿物质、土壤有机质和微生物等，约占土壤总容积的 50%。土壤固相不仅是植物扎根立足的场所，而且其组成、性质、颗粒大小及配合比率等，也是土壤性质和变化的基础，会直接影响土壤肥力高低。在土壤固相物质之间是形状和大小不同的孔隙。在孔隙中，充满了水分和空气。土壤矿物质包括原生矿物和由原生矿物经过风化重新形成的次生矿物，包括氧、硅、铝、铁、钙、镁、钛、钾、钠、磷、硫、锰、锌、铜等20多种元素。土壤矿物质是土壤颗粒的主要组成部分，占土壤固相总质量的90%以上。土壤有机质是动植物、微生物等在土壤微生物作用下形成的各种形态的有机成分，主要包括一些新鲜的有机质、半分解的有机残余物和腐殖质，土壤有机质可以提供植物需要的养分、改善土壤环境、提高土壤保水保肥的能力等。土壤中的微生物包括细菌、真菌、放线菌、原生动物、藻类等，它们在土壤中进行氧化、氨化、固氮等过程，促进土壤有机质的分解和养分的转化。

土壤液相又称为土壤溶液，包括土壤水分及其所含可溶性物质和悬浮物质，主要包含无机离子、有机离子和聚合离子以及它们的盐类。土壤水分是土壤形成发育的催化剂，是土壤的"血液"。大部分情况下，水只有进入土壤转化为土壤水分，才能被植物吸收和利用，因此土壤水分既是植物吸水和营养来源，也是进入土壤的污染物向别的环境圈层迁移的介质。不同土壤持水能力不同。当土壤持水量大时，溶质的绝对含量虽多，但相对浓度小，因而可减轻或避免某些有害物质浓度过高的危害。土壤溶液如果有害盐类浓度过高，会引起土壤的盐渍化，不利于植物生长。

土壤气相是土壤中气体的总称，存在于土壤的孔隙中，包括水汽和一些挥发性的有机物。土壤空气含量受到土壤孔隙度和含水量的影响，当孔隙度一定时，土壤空气含量随着含水量的增加而减少。在透气性良好的土壤中，土壤中的空气组成与大气相

图 4-8　土壤盐渍化

似。由于根系呼吸、耗氧微生物代谢等过程消耗了土壤中的氧气，土壤空气中的氧气含量一般为 18% ～ 20.03%，要比大气中的氧气含量（20.96%）略低。二氧化碳是植物根系呼吸以及微生物对土壤含碳有机物分解的产物，所以土壤中二氧化碳含量一般为 0.15% ～ 0.65%，要高于大气中的二氧化碳含量（0.03%）。另外，土壤空气中含有大量水汽，相对湿度接近于饱和程度，达到 99% 以上，一般要高于大气。还有，当土壤透气性差时，土壤中还会产生甲烷等还原性气体。不过土壤中经常发生各种化学反应和生物作用，会使土壤空气组成发生变化。土壤空气组成取决于微生物与植物根系的呼吸速率、二氧化碳和氧气在水中的溶解度，以及土壤与近地大气之间的气体交换速率。

第5章

自然灾害与防治

自然灾害

自然灾害评估是对自然灾害系统的各项因子进行评估。无论哪一种类型的自然灾害系统，都包括三项基本要素：致灾因子（灾变活动因子），主要有气象灾变、洪涝灾变、地质灾变、海洋灾变和生物灾变等；受灾体，主要包括人口、财产、资源、环境等；灾害损失，包括危害人类生命和身心健康，损坏人类劳动创造的物质财产，破坏生产，影响社会功能和秩序，破坏人类赖以生存与发展的资源与环境等。灾害损失包括直接灾害损失、间接灾害损失和衍生灾害损失。

严格地说，按照高标准要求，自然灾害评估应该对自然灾害系统中所有因子或要素进行评估，然而在短期内这一目标尚难以达到，目前世界各国及中国自然灾害评估的重点都是灾害直接损失评估，而对间接灾害损失、衍生灾害损失及对资源环境的影响评估等，还处于探索阶段。

气象灾害

气象灾害是指天气对人类的生命财产、国民经济建设和国防建设等造成的直接或间接的损害，会造成几百万元到几百亿元的损失，同时也会造成灾害区内人员伤亡。

气象灾害是自然灾害之一。我国的气象灾害主要包括亚热带风暴、台风、干旱、高温、山洪、雷暴、沙尘暴等。北美地区常见的气象灾害有飓风、龙卷风、冰雹、暴雨（雪）。

　　每到春季我国北方时常发生沙尘暴，这是由于西北季风强劲，植被稀疏，地面松动尘土量多而形成的。例如北京地区春季常受沙尘暴气象灾害的影响：地面能见度低，致使交通拥堵，车祸频发；风力大使得建筑物部件散落，树木折倒；空气质量下降更是令市民呼吸不适，呼吸道疾病集中暴发。

图 5-1　沙尘暴

洪涝灾害

　　我国季风气候明显，地形复杂多变，是世界上洪涝灾害发生最频繁的国家之一。洪涝灾害包括洪水灾害和涝渍灾害两种。

　　洪水灾害指河流、湖泊、海洋所含的水体上涨，超过常规水位的水流现象。突发的洪水通常都是局部性的洪水，如山洪暴发、风暴潮洪水和小流域洪水等，这些洪水的形成过程很短，其形成到灾难发生用时往往不过一两个小时，有的甚至仅需数十分钟，而造成的灾难损失往往是巨大的。涝渍灾害是指降水过于集中或持续时间长，导致农田积水或作物土壤长期被水浸泡缺氧，持续处于过湿状态，从而造成的作物生长不良、严重减产或死亡的现象。涝渍灾害具有迟缓性、范围广、季节性强等特征。洪水灾害和涝渍灾害在时间分配上有"先涝后洪"和"先洪后涝"两种情况，并与其他的自然灾害之间存在特定的联系，可以相互影响，相互转换。

2016 年，我国长江中下游沿江地区及江淮、西南地区受持续强降雨的气象灾害影响而暴发严重洪灾。长江流域共有近 140 条河流 200 多处发生过超过警戒的洪水，水位接近于历史最高水位

图 5-2　洪水灾害

图 5-3　涝渍灾害

4.97 米。此外，武汉、南京等长江中下游多个沿江城市遭遇严重
内涝。这次灾害造成 11 个省的 3100.8 万人受灾，164 人死亡，26
人失踪，据统计，直接经济损失达 670.9 亿元。

地震及地质灾害

　　地震灾害是指由地震引起的强烈地面震动及伴生的地面裂缝
和变形，使各类建筑倒塌和损坏，设备和设施损坏，交通、通信
中断，以及由此引起的火灾、爆炸、瘟疫、有毒物质泄漏、放射
性污染、场地破坏等造成人畜伤亡和财产损失的灾害。按震级大
小可分为七类：超微震（震级小于 1 级）、弱震（震级小于 3 级，
一般不易觉察）、有感地震（震级大于等于 3 级、小于 4.5 级，人
们能够感觉到，但一般不会造成破坏）、中强震（震级大于等于 4.5

级、小于 6 级，可造成破坏）、强震（震级大于等于 6 级、小于 7 级）、大地震（震级大于等于 7 级，小于 8 级）和巨大地震（震级大于等于 8 级）。

地震发生时常会引发连锁地质灾害，常见的有山体滑坡、泥石流等。山体滑坡表现为大量石块、泥土或杂物沿山坡滚落，导致山下建筑倒塌、农作物损毁、生物受创甚至死亡。而泥石流表现为石块、泥土和其他杂物混合着水流迅速流动，可以卷起沿途的树木、沙砾、车辆和人等，并且规模会不断扩大。

地震灾害具有不可预测性，频度往往较高，产生的次生灾害严重，对社会产生很大影响。影响地震灾害强度的因素有自然因素和社会因素，包括震级、震中距、震源深度、发震时间、发震地点、地震类型、地质条件、建筑物抗震性能、地区人口密度、经济发展程度和社会文明程度等。

汶川地震是中华人民共和国成立以来影响最大的一次地震，震级是 1950 年 8 月 15 日的西藏墨脱 8.6 级地震和 2001 年 11 月 14 日的昆仑山 8.1 级地震后的第三大地震，直接严重受灾地区达 10 万平方千米。这次地震危害极大，共遇难 69227 人，受伤 374643 人，失踪 17923 人，直接经济损失达 8452 亿元。

资源环境承载能力评估是汶川地震后恢复重建规划中的一项重要工作，是在充分认识地震灾害发生前后规划区资源环境承载能力变化的基础上，按照重建条件适宜性的内涵界定，对整个规划区的差异性进行了科学识别，为重建规划提供了强有力的支撑，对提高规划、决策的科学性起到了至关重要的作用。

海啸灾难

海啸灾难是海洋灾难分类下最常见且对人类活动影响最大的一种。海啸是由海底火山、海底地震和海底滑坡、塌陷等活动引起的波长可达数百千米的巨浪。海啸每小时的传播速度达几百千米，周期一般为几分钟。一般海啸在广阔大洋传播过程中波高很小，波长很大，所以不易被人们察觉；但传播到浅海地区时，会形成巨浪、狂浪和狂涛；到滨岸地带时，海浪进一步陡涨，瞬间形成 10 ～ 30 米的水墙，以排山倒海之势摧毁堤防，涌上陆地，吞没城镇、村庄、耕地。随即海水骤然退出，然后再次涌入，有时反复多次，在滨海地区造成巨大的生命财产损失。

印度洋海啸发生于 2004 年 12 月 26 日，这次引发海啸的地震发生的范围主要位于印度洋板块与亚欧板块的交界处，震中位于印尼苏门答腊岛以北的海底。当地地震局测量强度为地震规模 6.8 级，中国香港、中国大陆及美国量度到的强度为规模 8.5 级至 8.7 级。其后香港天文台和美国地震情报中心分别修正强度为 8.9 级和 9.0 级，矩震级为 9.0，最后确定为矩震级达到 9.3 级。截至 2005 年 1 月 20 日的统计数据显示，印度洋大地震和海啸已经造成 22.6 万人死亡，这可能是世界近 200 年来死伤最惨重的海啸灾难。此次大海啸中，印尼受袭最严重，据印尼卫生部称，共有 238945 人死亡或失踪。

图 5-4　印度洋海啸

生物灾害

生物灾害是指由于人类生产生活不当、破坏生物链或在自然条件下某种生物过多过快繁殖（生长）而引起对人类生命财产造成危害的自然事件。其分类大致为：病毒感染、蝗灾与鼠害、生物入侵、农作物病虫害、森林病虫害等。

生物灾害主要表现为：直接危害人畜，如 2020 年伊始在全球范围暴发的新冠肺炎疫情，其致病病毒主要以喷嚏、咳嗽、飞沫等方式直接传播；间接危害人畜，如欧洲中世纪的"黑死病"，鼠疫是鼠疫杆菌寄生于跳蚤并借由黑鼠传播，这场大瘟疫夺走了超 2500 万人的性命，占当时欧洲总人口的三分之一；危害农牧林业生产，以农业生物灾害为例，可发现生物灾害常会造成毁灭性灾害，包括农作物面积减产绝收、农作物大批量变质等。

图 5-5　生物灾害

厄尔尼诺现象

　　位于南纬 4° ~ 14° 的秘鲁是世界上的产鱼大国之一，这个国家的鱼粉产量占世界首位。之前说过，这是由于秘鲁沿海存在着一股旺盛的上升流，也就是说，在那一带的海区里，除水平流动的海流外，还有不断地从海底深层向海面涌升的上升流，这种上升流能把海底丰富的磷酸盐和其他营养盐分带到海洋上层，滋养秘鲁渔场。如果这股上升流减弱或是消失，临近赤道区的暖流就会入侵，引起秘鲁沿岸海域的水温升高，这种现象大约每隔几年就会发生，当地居民把这种暖流的季节性南侵引起的海面水温升高的现象，称为"厄尔尼诺"。

图 5-6　厄尔尼诺现象

在一般年份，厄尔尼诺现象向南侵袭的范围只能到达南纬几度，待到来年 3 月，海面水温又恢复常态，对长期生活在这里的鱼类和鸟类没有多大的影响。各年厄尔尼诺现象发生的状况是不完全相同的，有的年份暖水入侵的距离远些，有的年份则近些。暖水入侵强盛时，可抵达南纬十几度，这时秘鲁沿岸水温会迅速升高，生活在这一海域里适应冷水环境的浮游生物和各种鱼类，就会因环境的突变而大量死亡，与此同时，以鱼为食的各种海鸟也会因缺少食物而大批死亡。

经多年观测研究，科学家发现厄尔尼诺现象出现时，不仅会

给秘鲁沿岸带来灾害，甚至会影响全球气候。每当厄尔尼诺现象
严重时，全球一些地区常暴雨成灾、洪水泛滥，而另外一些地区
则是久旱无雨，农业歉收。科学家把这种全球性的气候变异与厄
尔尼诺现象联系起来，发现它们之间有着很紧密的关联，全球气
候异常的前兆往往可以从上年或年初厄尔尼诺现象发生的状况中
找到。随着科学研究的深入，人们对厄尔尼诺现象发生的机制有
了新的认识，厄尔尼诺现象的定义也发生了变化，现在只有发生
在赤道中东部太平洋地区大范围的、通常要持续一年以上的海水
增温现象才被称为厄尔尼诺现象。

厄尔尼诺现象的成因

①东南信风减弱。在正常年份，北半球赤道附近吹东北信风，
南半球赤道附近吹东南信风，信风带动海水自东向西流动，分别
形成北赤道暖流和南赤道暖流。从赤道东太平洋流出的海水，靠
下层上升涌流补充，从而使这一地区下层冷水上泛，水温低于四
周，形成东西部海水温差。但是，一旦东南信风减弱，就会造成
太平洋地区的冷水上泛减少或停止，海水温度升高，形成大范围
的海水温度异常增暖。而突然增强的这股暖流沿着厄瓜多尔海岸
南侵，使海水温度剧升，冷水鱼群因而大量死亡，海鸟因找不到
食物而纷纷离去，渔场顿时失去生机，使沿岸国家遭到巨大损失。

②地球自转。研究发现，厄尔尼诺现象的发生与地球自转速
度变化有关。自 20 世纪 50 年代以来，地球自转速度破坏了过去
10 年的平均加速度分布，一反常态呈 4 ～ 5 年的波动变化，一些

较强的厄尔尼诺现象基本发生在地球自转速度发生重大转折的年份，特别是自转减速的年份。地转速率短期变化与赤道东太平洋海温变化呈反相关，即地转速率短期加速时，赤道东太平洋海温降低；地转速率短期减慢时，赤道东太平洋海温升高。这表明，地球自转速度减慢可能是发生厄尔尼诺现象的主要原因。当地球自转减速时，"刹车效应"使赤道带大气和海水由于向东的惯性，赤道洋流和信风减弱，西太平洋暖水向东流动，东太平洋冷水上泛受阻，因暖水堆积而发生海水增温、海面抬高的厄尔尼诺现象。

厄尔尼诺灾害及其影响

1982—1983 年发生的强厄尔尼诺现象，使当时赤道东太平洋水温比常年高出 4℃，这次强厄尔尼诺现象持续近两年，是比较罕见的。它对全球气候造成了巨大影响，仅 1982 年全球就有四分之一的地区受到各种不同气候异常的危害，有 1000 多万人丧生，损失达几百亿美元。

当时气候异常造成的严重灾害主要有：紧邻秘鲁、地处太平洋东部的厄瓜多尔连降暴雨，降水量比常年增加 10 倍以上，引发了 20 世纪以来最大的水灾，洪水淹没了大片城镇和农村。位于太平洋西南部的澳大利亚则出现了旷日持久的干旱天气，东部连续 4 年没有下过透雨，这是近 200 年来都极为罕见的情况，干旱引发山区森林大火，大片原始森林毁于一旦。

在亚洲，一些国家和地区也出现了严重的水旱灾难。印尼遭受近 50 年来最严重的干旱，发生了森林大火，浓密的烟雾一直蔓延到马六甲海峡对面的马来西亚和新加坡；印度南部久旱无雨，需动用火车和汽车运水救助，而北部则发生特大洪涝灾害；邻近的巴基斯坦南部发生大面积的冰雹灾害，北部出现严重雪崩，百人以上丧生。

这个时期的气候异常也导致了我国出现不同程度的灾害。北方多处发生水患，南方出现大面积干旱。在发生厄尔尼诺现象期间，我国对虾产量明显减少，1982 年对虾产量仅为高产年的七分之一。可见，厄尔尼诺现象带来的危害是多方面的。

这次强厄尔尼诺现象造成全球性的灾难已引起各国科学家的高度重视，经初步研究发现，厄尔尼诺现象平均 5 年左右发生一次，发生的时间长短不一，短则几个月，长则可达两年。

拉尼娜现象

拉尼娜是指赤道附近东太平洋水温反常下降的一种现象，表现为东太平洋明显变冷，同时也伴随着全球性气候混乱，总是出现在厄尔尼诺现象之后。拉尼娜是厄尔尼诺现象的反相，也称为"反厄尔尼诺"或"冷事件"。

从 20 世纪初到 1992 年期间，拉尼娜现象共发生了 19 次，大约每 3 ～ 5 年发生一次，但也有时间间隔达 10 年以上的。拉尼娜多数是跟在厄尔尼诺之后出现的，前述 19 次拉尼娜现象，有 12 次发生在厄尔尼诺年份的次年。拉尼娜与厄尔尼诺现象都已成为预报全球气候异常的最强信号。从近 50 年的研究结果来看，拉尼娜现象发生的频率低于厄尔尼诺，强度也比厄尔尼诺弱，持续时间大多数偏长。拉尼娜出现时，印度尼西亚、澳大利亚东部、巴西东北部、印度及非洲南部等地降水偏多。而在赤道太平洋东部和中部地区、阿根廷、赤道非洲、美国东南部等地易出现干旱。

厄尔尼诺与赤道中东部太平洋海温的增暖、信风的减弱相联系，而拉尼娜与赤道中东部太平洋海温的变冷、信风的增强相关联。因此，实际上拉尼娜也是热带海洋和大气共同作用的产物。海洋表层的运动主要受海洋表面风的牵制。信风将大量暖水吹送到赤道西太平洋地区，在赤道东太平洋地区暖水被刮走，主要靠海面以下的冷水进行补充，使得赤道东太平洋海温比西太平洋明显偏低。当信风加强时，赤道东太平洋深层海水上泛现象更加剧烈，导致海水表面温度异常偏低，使得气流在赤道太平洋东部下沉，而气流在西部的上升运动更为剧烈，有利于信风加强，这进一步加剧赤道东太平洋冷水发展，引发拉尼娜现象。

在过去的 100 年间，拉尼娜与厄尔尼诺在年际时间尺度上的循环已成为最强的自然气候振荡，也是季节与年际气候预测中最重要的前兆信号。东太平洋的循环周期为 3 年至 7 年，而中太平洋平均循环周期为 2 年至 3 年。最近一次的拉尼娜从 2020 年 9 月开始，发展到现在，持续时间之长，实属罕见。

尽管拉尼娜对全球气候异常的影响没有大名鼎鼎的厄尔尼诺强烈，但造成的社会与经济影响还是十分显著的。从全球范围来

图 5-7　拉尼娜示意图

看，拉尼娜会造成气温偏低、降水偏多，但是具体到各个国家和
地区并不同。

　　拉尼娜对北美等地的影响主要是通过下游效应和大气遥相关
来传递。就冬季而言，在赤道中东部太平洋下沉区北侧的北回归
线附近，热带辐合带对流活动加强，北太平洋阻塞高压好天气系
统加强，东北太平洋与北美西海岸低值坏天气系统发展（好天气
系统指受高压系统控制，阳光明媚，万里无云，天气晴好；坏天
气系统受低压系统控制，对流系统活跃，容易出现降水等天气现
象），美国南部出现干旱暖冬气候。而厄尔尼诺使得北美西海岸高
温干旱，东北部则暴风雪肆虐。

　　拉尼娜对东亚的影响主要是通过控制西太平洋副热带高压的
位置与强度、影响东亚季风环流发生作用的。亚洲包括印度尼西
亚群岛上热带地区热带辐合带对流活动加强，西太平洋副热带高压
位置偏北、强度偏强，使得我国北方秋冬季降水增多，形成北方
及华西秋汛。同时，东亚冬季风偏强，冬春季冷空气较常年活跃。

　　拉尼娜对太平洋以外热带地区的影响主要是通过纬圈次级环

流的异常实现的，南美洲沿岸附近地区（如阿根廷）降水稀少，而北部暴雨洪涝却会频发，澳大利亚北部等地洪涝风险也加大。

拉尼娜对我国气候的影响主要有两方面：一是拉尼娜发生的当年秋季，北方降水可能偏多，出现秋汛的可能性大，如1974年、1984年和2000年发生的拉尼娜事件，都造成了当年秋季黄河和淮河流域降水偏多。二是拉尼娜发生的当年冬季，气温可能偏低，出现冷冬的可能性较大，如2000年发生的拉尼娜事件，导致2000年至2001年冬季东北、华北地区气温明显偏低，部分地区出现了少见的严寒。2007年至2008年拉尼娜事件导致2008年初我国南方发生大范围低温雨雪冰冻灾害。

灾害监测与预警

目前，我国已建立了从中央到地方的气象、水文、地震及地质、海洋、生物灾害的监测、分析、预报系统，形成了遍布各地、相互交织的灾害监测、预警网络。运用现代科学技术建立起来的各种预警系统在各国减灾工作中发挥着重要作用。

气象灾害监测与预警

加强气象灾害监测预警及信息发布是防灾减灾的关键环节，是防御和减轻灾害损失的重要基础。目前，气象灾害监测系统包括气象卫星、新一代的天气雷达、高性能计算机系统等工程建设，构建气象灾害的立体观测网。在台风、风暴潮易发地的重点区域强化监测预报，着力提高对重度灾害性天气的预报精准度，也可充分利用卫星遥感技术来提升致灾因子发现的及时性。此外，建立完善的气象灾害预警信息发布制度也是减灾的基石，要调动媒体大众的参与性来掌握抗灾的"主动权"。

在我国，根据《关于建立气象灾害预警工作机制的协议》，中国气象局负责在第一时间向国家安全监管总局通报台风、暴雨、暴雪等自然灾害的橙色、红色预警信息及警报、紧急警报。预警信息主要包括险情的影响范围、作用时间及发展趋势。中国气象局以电话、传真的方式通报预警信息。国家安全监管总局接到预警信息后应进行应急响应，直至警报解除。若国家安全监管总局提出请求，气象部门应负责为事故抢险救援提供及时可靠的气象应急保障。与此同时，"气象绿色通道"将通过广播、电视、互联网、手机短信等形式第一时间向社会公众发布信息。

洪涝灾害监测与预警

可以通过提高防洪标准，调整人类活动方式，增强山区、沿河流地区群众防灾避灾意识，达到减少山洪灾害发生频率或减轻其危害的目的。

洪涝灾害监测预警系统由前端数据采集设备、供电设备、传输设备和监控中心组成，前端安装在水库或水电站的数据采集主机将采集到的视频图像、水位、降雨量、水温、气压等数据传输到监控中心，监控中心软件可以显示并分析前端设备采集的数据，当出现警情时会发出预警信息，提醒相关指挥人员做好抢险救灾工作准备。

2017年6月24日6时左右，四川阿坝茂县叠溪镇新磨村突发山体高位垮塌，造成河道堵塞2千米，100余人被掩埋。救援工作中先后4次启用无人机，累计工作近2小时，航拍覆盖面积近30平方千米，传回了灾区第一手视频资料。监控中心利用无人机三维建模技术，绘制完成首张三维灾区图和灾区地质灾害评估二维地图，从不同角度对灾区可能发生的次生灾害类型、规模、

图 5-8　山洪灾害

区域、临界因素等重要信息进行了详细标识，为国土资源部救灾指挥中心、驻地政府合理分配救援力量、设计救援通道、转移安置受灾群众以及灾后重建选址等方面提供了有价值的信息参考。

图 5-9　无人机遥感影像

图 5-10　应急救援无人机

地震监测与预警

　　地震监测是指在地震来临之前，对地震活动、地震前兆异常的监视、测量。地震预警是指突发性大震已发生、抢在尚未造成严重灾害之前发出警告并采取措施的行动，抢在地震波传播到设防地区前，向设防地区提前几秒至数十秒发出警报，以减小当地的损失，也称作"震时预警"。

　　在地球内部传播的地震波分为纵波和横波。纵波在地球内部传播速度大于横波，所以地震时，纵波总是先到达地表，而横波总是落后一步。发生较大的近震时，一般人们先感到上下颠簸，过数秒到十几秒后才感到有很强的水平晃动。横波是造成破坏的主要原因。

　　故而我们可以利用这两种波到达的时间差，一旦监测到纵波，就赶在破坏性强的横波到来之前发出预警。预警的时间可能只有几秒或十几秒，虽然来不及疏散人群，但是来得及采取切断煤气、停驶高速列车等措施，防止次生灾害。如果距离震中足够远，预警时间甚至有可能长达几十秒。

然而，原理虽然简单，要据此建立一个全国性地震预警系统却不容易。至少要具备三个条件：首先，要有密集的地震台网，及时监测全国各地的情况，例如日本在全国建了1000个地震台，大约每20千米就有一个；其次，能够对收集的数据进行高速且有效的分析和估算，不仅要能快速确定震中，而且还要根据初步监测到的纵波估计出地震的强度，向可能被地震危及的地区发出预警，例如日本规定只有在烈度达到5级以上时才发出预警；此外，有关部门还要能对预警做出快速反应，收到预警后，电视台、电台自动播放通知，电厂自动停电，电梯自动在最近的楼层停下、开门，等等。

日本是一个地震多发国家，历史上也曾多次发生高级别地震，比如2011年的3·11地震以及2016年的熊本地震等。日本国土交通省所属的日本气象厅于2006年8月1日启用高度利用向紧急地震速报系统，并于次年10月1日上午9时开始向全国民众发布警报。

2011年的3·11地震中，系统分别在地震发生后5.4秒和8.6秒向高度利用者和一般民众发布了地震预警，几乎是在地震波到达地表的一瞬间，警报地域居住的居民都收到了警报。其中距离震源较近的岩手县大船渡市（观测震度6级）获得了12秒的预警时间，摇晃最剧烈的极震区宫城县栗原市（观测震度7级）则获

图 5-11　日本 3 · 11 地震

得了 18 秒的预警时间，而东京都（观测震度 5 级）在警报发出 1 分钟后感受到了剧烈的摇晃。

海啸监测与预警

　　海啸监测与预警系统是一种侦测海啸的系统，通过发布警报以减少生命与财产的损失。它是由两个同等重要的因素组成的：一个是侦测海啸的感测器网络，另一个是即时发布警报以通知沿海区域避难的通信基础设施。海啸监测与预警系统可分为两种不同类型：国际性与区域性。其正确的操作范例是，地震警报照惯例会发出一连串的监控与警报。随后，借由观察海平面的高度得到资料（通自岸基验潮仪或 DART 浮标）去证实海啸的存在。还有其他监测方法，例如，T 波能量的持续时间与频率含量（通过海洋里的声传通道捕捉地震能量的数据），会作为推断一场地震引起的海啸是否存在的证据。

为防范灾害性海啸的突然袭击，目前在太平洋地区用于监测海啸的地震台站有 50 余个，分属 12 个国家和地区。这些监测台站采用比较精良的仪器设备，有的把地震仪安置在太平洋海底，以监测远距离的海底地震，并利用地震波沿地壳传播的速度远比地震海啸运行速度快的机制，使提前预报地震海啸成为可能。例如发生在智利的海啸，经过 13 小时才能传到美国夏威夷，约 20 小时后才到达日本沿岸，如果利用海啸监测网获取地震波记录，在 1 小时内就能做出海啸警报，这对日本防灾体系来说，可以赢得多达 19 小时的防范时间。

2019 年南中国海区域海啸预警中心正式运行。该中心在联合国教科文组织政府间海洋学委员会（IOC）的支持下建立，将为 9 个国家提供预警服务，包括文莱、柬埔寨、中国、印度尼西亚、马来西亚、菲律宾、新加坡、泰国和越南。中国海洋局国家海洋环境预报中心将负责预警系统的日常运营。预警系统依靠由实时监控和传导信息的地震台站和验潮仪组成的地震监测网络运转。该中心还将与太平洋和 IOC 的海啸预警和减灾系统合作，开展旨在提高公众认知的宣传活动，以增进当地民众对海啸灾难的了解。

生物监测与预警

发展生物监测技术是降低生物灾害突发性和频率的强有力的

方法之一。生物监测技术是利用生物对生态环境产生的反应信息，判断所在环境中的综合生态效应的一种新方法。这其中重点是对农业常见生物各层次（分子、细胞、组织、个体、种群、群落）中生态效应的研究，从中发现最灵敏的破坏因子指标。

　　我国针对世界性农业害虫——蝗虫的暴发成灾采取了如下举措：率先确定了世界范围内飞蝗种群进化关系以及迁飞扩散路线；阐释全球变化下蝗灾暴发规律，发现内蒙古草原退化及过度放牧导致的植物氮素含量下降是蝗灾暴发的重要机制之一；破译了飞蝗全基因组图谱，并解析其食性、迁飞和群聚等特性的遗传基础；系统揭示了蝗灾暴发的关键步骤——散居型和群居型相互转变的启动与维持的分子调控机制；发现 miRNA-276 基因可以调控蝗虫同步发育，奠定了靶标基因控制蝗虫的基础；发展了昆虫生态基因组学，为世界性的蝗虫遗传控制与生态治理提供了支撑。

汶川地震灾后重建实例

　　自然灾害侵袭后，灾害不仅会对人类的生命财产安全及环境带来物质上的损害，并且会使受灾群体产生心理障碍，更会造成严重的社会后果，妨碍社会的正常运行。灾后恢复是指帮助受灾社区和居民迅速从灾害的打击中恢复过来，重建家园，恢复生态环境和正常的社会生活。制定促进受灾地区经济恢复的政策并实施相关行动是复杂且烦琐的：需要重建和重置遭到破坏的资产；需要恢复原有的生计或是创造新的生计来源；需要采取迅速且有效的措施以维持受灾国家的经济增长和一般福利；同时减轻受这些可怕事件直接影响的个人和社区的痛苦。

汶川重建充分反映了"一方有难，八方支援"这一中华民族的传统美德。人间大爱，成为灾区人民抚平创伤，在废墟上奋力崛起的精神力量。

汶川的重建伟力，来自灾区人民同地震灾难进行不屈不挠的抗争。面对毁灭性的自然灾害，灾区人民化悲痛为力量，不等不靠，积极投身生产自救，用勤劳的双手，重建美好的家园，创造幸福的生活。可以说，汶川地震灾区人民的自立自强，给面临和遭受各种自然灾害的地区做出了一个示范——只要坚定信心，万众一心，凝聚力量和斗志，再大的灾害我们也能够战胜。

经济恢复

汶川地震恢复重建是一个巨大的系统工程。在 10 多万平方千米的土地上，短短两年多时间，政府投放了近 8000 亿元的巨量资金，完成了 27564 个项目，使曾经破碎的山河，发生了翻天覆地的变化。

1. 映秀镇

白墙青瓦的川西民居，独具特色的藏羌碉楼，孩子们在街边喧闹地嬉戏，几个老人在门口静静地闲坐……映秀，汶川地震中，这个曾经被彻底摧毁的小镇，如今渡尽劫波，矗立在奔流不息的岷江之畔。镇上一切生活气息都表明这是一座比过去更加美丽的新城。

图 5-12　重建后的映秀镇

2. 木卡羌寨

在汶川地震 3 周年之际，四川理县的羌寨处处可见飘扬的五星红旗。汶川地震使理县的道路、水电等基础设施遭受重创，给群众的生命、财产带来了巨大损失。房屋倒塌，家园破碎，是解放军、援建队帮助理县修建了漂亮的羌寨。

3. 北川中学

四川省北川中学是四川省北川羌族自治县唯一的高级中学。该校建筑面积 7.2 万平方米，可容纳 86 个班。汶川地震发生后，两栋 5 层教学楼垮塌，1000 多名学生遇难。

新北川中学于 2009 年 5 月 12 日正式开工，于 2010 年 9 月 1 日前完工，成为北川新城的一个标志性工程。新北川中学依山傍水、风景宜人，是新县城最为平整的一块土地，占地面积达 15 万平方米，建筑抗震设防烈度为 8 度，拥有千人会议室及 11 栋教学楼。

生态恢复

汶川地震后，汶川县采取自然恢复与人工修复相结合、生物措施与工程措施相结合的方法进行森林植被恢复，共完成封山育林 413 平方千米、人工造林 33 平方千米、人工点（撒）播 33 平方千米、大熊猫栖息地生态修复 33 平方千米和县城周边及国道213 线友谊隧洞至威州、漩三经济环线公路等重要节点生态修复。目前，全县森林覆盖率达 38%，生态环境得到有效改善。

心理恢复

每个人受伤时都会沮丧，继而表现出烦躁不安、失望等情绪。经历重大自然灾难或突发危机事件后，个体往往处于一种应激状态。应激状态下，会出现反应异常、需求倾向异常、情绪异常、认知异常、行为异常以及生理反应异常等状况。面对灾害，人们不仅面临着身体上的伤残危险，还需要面对灾害过后失去亲人、家园被毁、移迁住地等心理危机，可能引起抑郁、悲伤、恐惧等情绪。"身病易治，心病难医"，使受灾群众摆脱心理阴影是灾后恢复的重中之重。

11 岁的强强（化名）在汶川震后 20 小时被救出，像是完全变了一个人。当学校倒塌，一群孩子被压在废墟瓦砾中的时候，小伙伴们互相鼓励，强强是最坚强的一个。可渐渐地，强强周围的同学没有了声音，然后看到有血流到自己身上，掐旁边的同学，没有反应……强强被救出后，便不停地追问："他们人呢？他们人呢？"在医院里，他一步也不让妈妈离开，整夜整夜瞪着天花板自言自语，轻轻一碰他，便大声叫疼。

心理学教授问他："你为什么要妈妈？是害怕吗？"强强喃喃地说："不是害怕，是孤独。"从一个小学 6 年级的孩子嘴里说出"孤独"，可以想象他当时的恐惧无助。心理学教授认为他已经有了抑郁症状，对他进行了药物治疗，并要他妈妈多陪伴他，给他安全感。灾难心理创伤如果得不到及时有效的干预，也许会影响他们一生。

汶川地震发生以后，中央财政从 2008 年开始，分三个年度安排了专项资金支持汶川地震灾区心理援助工作。卫生部专门制定了《地震灾区心理援助项目技术实施方案》，为快速顺利地完成灾后重建和精神家园建设起到了重要的推动作用。同时，中国科学院心理研究所等国内外许多医疗机构、心理咨询机构和志愿者组织组成了抗震心理救助队深入灾区对灾民进行心理危机干预，帮助灾民快速心理恢复。

第6章

环境污染与保护

环境污染

随着工业的迅速发展和城市人口的集中，人们在生产和生活中排放的各种污染物越来越多，污染物对人类环境的影响日趋严重。环境问题成为当今世界所面临的三大危机之一。保护环境是我国的一项基本国策。

大气污染

大气是人类等生命体在地球上生存、繁衍、发展时不可或缺的必要条件。但是由于人类活动或自然过程引起某些物质进入大气中，这些物质达到足够的浓度，维持足够长的时间后，对人类的健康或环境产生了危害，便发生了大气污染。

大气污染源主要有自然污染源和人为污染源。自然污染源包括火山喷发、森林火灾、自然沙尘、森林植物释放物、海浪飞沫颗粒物等。据相关统计，全球氮排放的93%和硫氧化物排放的60%来自自然污染源。但是人类活动是给大气输送污染物最为主要的发生源。大气的人为污染源主要包括工业煤炭燃烧、汽车尾气排放和农业活动排放等。随着城市化进程的不断推进，汽车保有量不断增加，导致汽车尾气排放量大量增加，汽车尾气成了城市大气污染的主要原因。

另外，中国的能源结构一直以来以煤炭为主，产业结构以重化工为主，煤炭燃烧后产生大量污染物，大气中的悬浮颗粒物大量增加，这也使得城市大气质量迅速恶化。

根据 2020 年中国生态环境统计年报所示，氮氧化物是中国主要的大气污染物。2020 年中国废气中的氮氧化物排放量为 1019.7 万吨，颗粒物排放量为 611.4 万吨，二氧化硫排放量为 318.2 万吨，挥发性有机物排放量为 610.2 万吨。

地下水污染

地下水是水资源的重要组成部分。由于水量稳定，水质好，地下水是农业灌溉、工矿和城市的重要水源之一。数据表明，世界范围内灌溉用水中约 40% 来自含水层的地下水，世界上大多数干旱地区完全依赖地下水。在我国，可开采的地下水资源占水资源总量的三分之一；70% 的城乡居民生活用水来自地下水，95% 以上的农村人口饮用地下水。

随着人类生产生活范围的拓展，地下水正面临着严峻的挑战。来自联合国世界卫生组织和联合国儿童基金会的数据显示：目前，全球超过 42 亿人缺乏安全的卫生设施服务，近 20 亿人依赖没有基本供水服务的医疗卫生机构，22 亿人无法获得安全的饮用水服务，每年有 29.7 万名五岁以下儿童因为恶劣的环境卫生、个人卫生或不安全的饮用水死于腹泻病。

地下水污染源多样，包括工业、农业和生活污染源等。例如矿山开采过程中产生的各种废水、废气、废渣的排放和堆积，农业生产施用的化肥和农药，简易垃圾填埋的渗漏，等等。污染物的持续入渗，导致地下水环境恶化，影响生态系统的健康，威胁公共健康安全。

地下水污染具有隐蔽性、长期性和难恢复等特点。地下水一旦被污染，污染物不仅会存在于水中，还会吸附、残留在含水层介质中，不断缓慢地向水中释放。同时含水层介质类型、结构和岩性复杂，地下水流动极其缓慢，因此地下水恢复治理的难度和时长都要远远大于地表水污染治理。

土壤污染

土壤是动植物赖以生存的基础，是一切财富之母，但是由于人口的急剧增长，工业迅猛发展，土壤环境状况日趋恶化。中国土壤污染主要受到以下风险因素的影响：（1）工业污染。例如，工矿企业生产经营活动中产生的尾矿渣、危险废物等各类固体废物的堆放处理，导致其周边土壤污染；汽车尾气排放导致交通干线两侧土壤铅、锌等重金属和多环芳烃污染。（2）农业污染。农业生产活动中污水灌溉，化肥、农药、农膜等农业投入品的不合理使用和畜禽养殖等，导致耕地土壤污染。（3）生活污染。生活垃圾、废旧家用电器、废旧电池、废旧灯管等随意丢弃，以及日常生活污水随意排放，造成土壤污染。（4）自然原因。土壤自然背景值高是一些区域土壤重金属超标的原因。

土壤污染物种类多，大致可分为无机污染物和有机污染物两大类。无机污染物以重金属为主，如镉、汞、铅、铬、铜、锌、镍，局部地区还有锰、钴、钒、锑、铊、钼等。有机污染物主要包括苯、甲苯、二甲苯、乙苯、三氯乙烯等挥发性有机污染物，以及多环芳烃、多氯联苯、有机农药类等半挥发性有机污染物等。

　　土壤对污染物有一定的调节机制，可以自净，但是当土壤中所含的有害物质过多，超过土壤的自净能力时，土壤的组成、结构和功能就会发生变化，有害物质或其分解产物就会在土壤中逐渐累积，甚至通过植物或者水进入人体，危害人体的健康。因此要预防土壤污染，并对土壤污染进行治理。

图 6-1　土壤有机农药污染

污染监测

随着科学技术的日益进步，环保问题越来越受到人们的重视。对环境污染的监测就是其中重要的一部分。污染监测可以分为大气污染监测、水质污染监测、土壤环境监测、生物污染监测和物理污染监测五种。

大气污染监测

大气污染监测是指测定大气中污染物的种类及其浓度，观察其时空分布特点和变化规律的过程。大气污染监测的目的在于识别大气中的污染物质，掌握其分布与扩散规律，监视大气污染源的排放和控制情况。

图 6-2　空气污染监测站

大气污染监测一般以连续自动监测技术为主导，以自动采样和被动式吸收采样实验室分析为基础。为了保证监测结果的有效性，大气监测应包括调研、布点、采样和测试四步，最常见的是设立在各地的空气污染监测站。

水质污染监测

水质污染监测，是监视和测定水体中污染物的种类、各类污染物的浓度及变化趋势，评价水质状况的过程。水质污染监测范围十分广泛，包括未被污染和已受污染的天然水（江、河、湖、海和地下水）及各种各样的工业排水等，主要监测项目可分为两大类：一类是反映水质状况的综合指标，如温度、色度、浊度、pH、电导率、悬浮物、溶解氧、化学需氧量和生化需氧量等；另一类是一些有毒物质，如酚、氰、砷、铅、铬、镉、汞和有机农药等。

图 6-3　海水样本分析

当前我国水质污染监测技术主要以理化监测技术为主，近几年来生物监测、遥感监测技术也被应用到了水质污染监测中。除了由科研人员人工取样，将水带到实验室进行分析之外，最常见的莫过于建立在河流、排污口附近的水质污染监测站和水质监测仪。

土壤环境监测

土壤环境监测是指通过对影响土壤环境质量因素的代表值的测定，确定环境质量（或污染程度）及其变化趋势。主要通过布点采样和土壤墒情（即土壤湿度）监测站进行监测。

图 6-4　土壤取样

污染治理的先进案例

保护环境，仅仅对污染情况进行监测是远远不够的，当发现污染后，还要思考如何治理污染。要通过监测来预防污染的发生，了解污染的情况，还要通过一系列科学的方法和手段，对污染进行治理，才能让环境越来越好。污染的治理离不开政府的重视与投入、科学的治理方法、法律法规的重要保障，以及人们环保意识的提高。

英国伦敦雾霾治理

近年来，雾霾天气经常出现在新闻媒体的报道中，一进入秋冬季，华北、华东和中部地区经常笼罩在雾霾之中。伦敦曾经也有一段雾霾血泪史。

早在 18 世纪，伦敦就开始逐渐雾气弥漫，情况愈演愈烈，严重的时候，即使正午时分出行，也需要手举火把引路。1952 年底，大雾中的伦敦市民开始感到呼吸困难、眼睛刺痛，出现哮喘、咳嗽等症状，短短几天时间就造成 4000 人离世，数周后又有几千人死亡，共计死亡 12000 多人。这就是英国历史上著名的"伦敦烟雾事件"。

这场史无前例的空气大灾后，伦敦终于着手治理空气污染。1953 年，伦敦成立了比弗委员会调查雾霾、制定对策。1956 年，英国颁布了《清洁空气法案》，这是世界上第一部空气污染防治法案。

可是空气污染治理显然不是成立一两个委员会或者颁布一部法案就能解决的难题。从 1957 年到 1962 年，伦敦又发生了 12 次严重的雾霾事件。

图6-5　1952 年伦敦烟雾事件

后来，随着《清洁空气法案》的扩充与实施，以及 1974 年颁布的《污染控制法》的实施，伦敦每年大雾的天数才慢慢减少，1975 年降至 15 个雾霾天，1980 年减少到 5 天。

正是因为这样，现在人们初到伦敦的时候，总是有种错觉，仿佛这里和曾经被称为"雾都"的那个阴暗城市是两个世界。越来越多的伦敦人喜欢来到河边、公园里享受好天气。现在，伦敦的空气质量问题依然没有得到彻底解决。雾霾的天数减少了，可是一旦现身，威力依然惊人。

总的来讲，伦敦的空气质量在缓步改善中。200 年的空气污染，60 多年的治理，或许仅仅是个开始，但正是长时间的坚持努力，才让雾霾天数能够每年少一点、再少一点。

2016 年 12 月 1 日，伦敦市长萨迪克·汗发布了他上任以来的首次空气质量警报。随后他就颁布了新政策，表示未来 5 年政府还将进一步投入 8.75 亿英镑用于治理伦敦空气问题。算上此前花销，总费用已经超过 9 亿英镑。但是民众还是有呼声，要求市长颁布相关政策，效仿巴黎提供免费公共交通，以此鼓励更多市民和游客公交出行，减少总体污染物排放量。

图 6-6 伦敦市民环保出行

奥地利多瑙河的水污染治理

多瑙河全长 2850 千米，是欧洲第二长河，奥地利首都维也纳市地处其中游。维也纳多瑙河综合治理开发，形成了一套现代化的河流综合治理和开发体系，即在传统治理理念基础上突出"生态治理"的概念，并运用到防洪、治污、经济开发等各个领域。
其主要措施包括两方面：

图 6-7　奥地利多瑙河

一是建设生态河堤。恢复河岸植物群落和储水带，是维也纳
多瑙河治理和开发的主要任务之一。基于"亲近自然河流"概念
和"自然型护岸"技术，在考虑安全性和耐久性的同时，充分考
虑生态效果，把河堤由过去的混凝土人工建筑，改造成适合动植
物生长的模拟自然状态，建成无混凝土河堤或混凝土外覆盖植被
的生态河堤。

二是优化水资源配置和使用。维也纳周边山地和森林水资源
丰富，其城市用水 99% 为地下水和泉水，这维持了多瑙河的自然
生态流量。维也纳严禁将工业废水和居民生活污水直接排入多瑙
河，污水由紧邻多瑙河的两座大型水处理中心负责处理，出水水
质达标后，大部分排入多瑙河，少部分直接渗入地下补充地下水。
此外，严格控制沿岸工业企业数量并严格监管。

中国太湖治理

2007 年 5 月，爆发了震惊全国的"太湖蓝藻水污染事件"。太湖是位于江苏南部，流域跨苏、浙、沪、皖，面积 2338 平方千米的中国第三大淡水湖，这个为长江三角洲 2000 多万人口供水的母亲湖，已经遍体鳞伤了！蓝藻暴发，引发大面积湖泛，数十万市民饮水告急。自来水发臭，超市里的纯净水、矿泉水都卖空了。

当时湖岸边到处是大大小小的餐馆，餐厨污水直排入湖，岸边密密麻麻地铺着吃剩下的螺蛳壳。环湖的小化工厂、印染企业废水大量入湖，湖水发黑发臭，污染直逼自来水取水口。湖水中度富营养化，导致蓝藻疯长，有的湖区甚至砖头放上去也沉不下去。

2008 年 5 月，国务院印发《太湖流域水环境综合治理总体方案》，要求环保、水利、工业、农业、科技、财政、交通等十多个

图 6-8　太湖蓝藻

部门联合行动，保证资金投入、运用科学技术、创新体制机制，确保在 2020 年之前，在减少污染负荷、扩大环境容量、调整产业结构等方面取得重大进展，而江苏省则将治理太湖作为全省生态文明建设的样板工程。

从 2008 年开始，江苏省的历任省长和环湖的市、县、区长都担任过太湖河流的河长。此外，江苏省还出台了全国第一个湖泊治理的地方法规——《江苏省太湖水污染防治条例》。统计表明，2007 年至 2018 年，江苏省各级财政投入太湖治理的专项资金以及各项社会资金，已累计超过 1000 亿元。同时政府向污染企业征收排污费，对水质波动地区的行政领导进行约谈；苏州市用财政手段，对环保任务繁重的地区实行生态补偿；常州市推出环境信贷，将环境保护作为信贷审批的重要依据……江苏省有关部门和各地实时监控水情、藻情的变化，提升蓝藻打捞处置能力。截至 2019 年 6 月，累计打捞蓝藻 1000 多万吨。苏州、无锡、常州等市拆除水产养殖围网 20 平方千米，取缔迁移 1000 多处畜禽养殖场，清理湖底淤泥 3700 多万立方米；太湖流域关停化工企业多达 5336 家；环湖新建污水处理管网 24500 千米，足以绕太湖 60 多圈，城市污水处理率已达 95.3%；每年都从长江引入相当于半个太湖的水量，用于稀释湖水。

太湖治理，从 2007 年开始，至今已经第 15 个年头，成效显著。2010 年上海世博会期间，太湖持续大流量向上海地区输送 33 亿立方米的优质水源，圆满完成世博会供水保障任务。2019 年 15 条主要入湖河流年平均水质首次全部达到或优于Ⅲ类，124 个重点断面水质达标率为 97.5%。2020 年，湖体综合营养状态指数为

54.8，为 2007 年以来第二低，连续 12 年稳定维持在轻度富营养化状态。湖体主要水质指标中，高锰酸盐指数、氨氮、总氮 3 项指标已稳定达标，其中，高锰酸盐指数、氨氮分别达到Ⅱ类、Ⅰ类，总氮实现"十连降"。

图 6-9　治理后的太湖

自然保护区

自 1956 年建立第一个自然保护区以来，我国已基本形成类型比较齐全、布局基本合理、功能相对完善的自然保护区体系。目前我国已建立各级各类自然保护地 1.18 万处，占国土陆域面积的 18%、领海面积的 4.6%。其中，国家公园体制试点 10 处、国家级自然保护区 474 处、国家级风景名胜区 244 处。拥有世界自然遗产 14 项、世界自然与文化双遗产 4 项、世界地质公园 39 处，数量均居世界第一位。

意义与作用

保护自然"本底"。自然保护区保留了一定面积的各种类型的生态系统，可以为子孙后代留下天然的"本底"。这个天然的"本底"是今后在利用、改造自然时应遵循的方式，为人们提供评价标准以及预估人类活动将会引发的后果。

贮备物种。保护区是生物物种的贮备地，又可以称为贮备库。它也是濒危生物物种的庇护所。

开辟基地。自然保护区是研究各类生态系统自然过程的基本规律、物种的生态特性的重要基地，也是环境保护工作中观察生态系统动态平衡、取得监测基准的地方。当然它也是各种生态研究的天然实验室，便于进行连续、系统的长期观测以及珍稀物种的繁殖、驯化的研究等。

美学价值。自然界的美景令人心旷神怡，使人精神焕发，唤起对生活的热情。所以自然界的美景是人类的灵感和创作的源泉。

保护区类型

按保护对象和目的，保护区可分为 6 种类型。

1. 以保护完整的综合自然生态系统为目的的自然保护区。例如，以保护温带山地生态系统及自然景观为主的吉林长白山国家级自然保护区、以保护亚热带生态系统为主的福建武夷山国家级自然保护区和以保护热带自然生态系统的云南西双版纳国家级自然保护区等。

2. 以保护某些珍贵动物资源为主的自然保护区。例如，四川卧龙和王朗等自然保护区以保护大熊猫为主，黑龙江扎龙和吉林向海等自然保护区以保护丹顶鹤为主，四川铁布自然保护区以保护梅花鹿为主，等等。

图 6-10　四川卧龙国家级自然保护区

3. 以保护珍稀孑遗植物及特有植被类型为目的的自然保护区。例如，广西花坪国家级自然保护区以保护银杉和亚热带常绿阔叶林为主，黑龙江丰林国家级自然保护区及凉水国家级自然保护区以保护红松林为主，福建万木林省级自然保护区则主要保护亚热带常绿阔叶林，等等。

4. 以保护自然风景为主的自然保护区。例如，四川九寨沟国家级自然保护区，重庆缙云山国家级自然保护区，江西庐山国家级自然保护区，等等。

5. 以保护特有的地质剖面及特殊地貌类型为主的自然保护区。例如，以保护火山遗迹和自然景观为主的黑龙江五大连池国家级自然保护区，保护珍贵地质剖面的天津蓟县地质剖面自然保护区，保护重要化石产地的山东临朐山旺古生物化石国家级自然保护区，等等。

6. 以保护沿海自然环境及自然资源为主要目的的自然保护区。例如，海南的东寨港国家级自然保护区和清澜港省级自然保护区，广西山口红树林国家级自然保护区（保护海涂上特有的红树林），等等。

由于建立了一系列的自然保护区，中国的大熊猫、金丝猴、坡鹿、扬子鳄等一些珍贵野生动物已初步得到保护，有些种群还得以逐步发展。如安徽的扬子鳄繁殖研究中心在研究扬子鳄的野外习性、人工饲养和人工孵化等方面取得了突破，几年内，人工繁殖扬子鳄发展到1600多只。又如曾经一度从故乡流失的珍奇动物麋鹿已重返故土，江苏大丰、湖北石首及北京南苑等地还建立了保护区，大丰麋鹿国家级自然保护区拥有的麋鹿群体居世界第三位。此外，在西双版纳国家级自然保护区的原始林中，发现了原始的喜树林。有些珍稀动物和植物在不同的自然保护区中已得到繁殖和推广。

发展沿革

世界各国划出一定的范围来保护珍贵的动植物资源及其栖息地已有很长的历史渊源，国际上一般把1872年经美国政府批准建立的第一个国家公园——黄石公园，看作是世界上最早的自然保护区。20世纪以来，自然保护区事业发展很快，特别是第二次世界大战后，世界范围内成立了许多国际机构，从事自然保护区的宣传、协调和科研等工作，如"国际自然及自然资源保护联盟"和联合国教科文组织的"人与生物圈计划"等。全世界自然保护区的数量和面积不断增加，自然保护区也成为一个国家文明与进步的象征之一。

中国古代就有朴素的自然保护思想，例如，《逸周书·大聚解》就有"春三月，山林不登斧，以成草木之长；夏三月，川泽不入网罟，以成鱼鳖之长"的记载。官方有过封禁山林的措施，民间也经常自发地划定一些不准樵采的地域，并制定出若干乡规民约加以管理。这些都起到了保护自然的作用，有些还具有自然保护区的雏形。中华人民共和国成立后，在建立自然保护区方面得到了发展。

截至2006年底，我国已建立各级自然保护区2395处，其面积约占国土面积的15.16%，其中30处国家级自然保护区已被"人与生物圈计划"列为国际生物圈保护区。截至2010年底，林业系统管理的自然保护区已达2035处，总面积1.24亿公顷，占全国国土面积的 12.89%。其中，国家级自然保护区 247 处，面积 7597.42 万公顷。

保护方式

我国人口众多，自然植被少。保护区不能像有些国家采用原封不动、任其自然发展的保护方式，而应采取保护、科研教育、生产相结合的方式，而且在不影响保护区的自然环境和保护对象的前提下，还可以和旅游业相结合。中国的自然保护区内部大多划分为核心区、缓冲区和外围区 3 个部分。

1. 核心区是保护区内未经或很少经人为干扰过的自然生态系统的地区，或者是虽然遭受过破坏，但有希望恢复成自然生态系统的地区。该区以保护种源为主，是取得自然"本底"信息的所在地，而且还是为保护和监测环境提供评价的来源地。核心区内严禁一切干扰。

2. 缓冲区是指环绕核心区的周围地区。只准从事科学研究的人员进行观测活动。

3. 外围区指实验区，位于缓冲区周围，是一个多用途的地区。可以进入从事科学试验、教学实习、参观考察、旅游以及驯化、繁殖珍稀动植物和濒危野生动植物等工作活动，还包括有一定范围的生产活动，以及少量居民点和旅游设施。

上述保护区内分区的做法，不但保护了生物资源，而且使保护区成为教育、科研、生产、旅游等多种目的相结合，为社会创造财富的场所。

现有保护区体系仍有一些问题：保护区管理多元化，自然保护区类型纷繁复杂，交叉重叠，难以理清；自然保护区分类难以套用国际分类分析方法，急需建立一套符合中国国情的新的分类体系；自然保护区功能分区中，不同级别、区域的自然保护区管理区域划定标准不一，核心区与缓冲区界线模糊，给保护区管理带来困难。

新能源

新能源，又称非常规能源，是指传统能源以外的各种能源形式，即刚开始开发利用或正在积极研究、有待推广的能源，如太阳能、地热能、风能、海洋能、生物质能和核聚变能等。

在中国可以形成产业的新能源主要包括水能（主要指小型水电站）、风能、生物质能、太阳能、地热能等，都是可循环利用的清洁能源。新能源产业的发展既是整个能源供应系统的有效补充手段，也是环境治理和生态保护的重要措施，是满足人类社会可持续发展需要的最终能源选择。

那么，常见的对于新能源的利用有哪些呢？

太阳能

地球上的生命自诞生以来，就主要以太阳提供的热辐射能生存，而自古人类也懂得借阳光来晒干物件，并作为制作食物的方法，如制盐和晒咸鱼等。在化石燃料储备日趋减少的情况下，太阳能已成为人类使用的能源的重要组成部分，并不断得到发展。太阳能是一种新兴的可再生能源，它的利用有光热转化和光电转化两种方式。

生活中最常见的莫过于太阳能热水器，太阳能热水器是将太阳光能转化为热能的加热装置，将水从低温加热到高温，以满足人们在生活、生产中的热水使用需求。

另一种高效利用太阳能的方式就是太阳能发电站，或者太阳能发电厂。太阳能发电厂是一种用可再生能源来发电的工厂，它利用把太阳能转化为电能的光电技术，通过发电系统来工作。太阳能发电主要有太阳能光发电和太阳能热发电两种基本方式。

图 6-11　太阳能发电

艾文帕太阳能发电系统是位于美国加州沙漠中的世界最大规模的太阳能发电厂,2015 年 1 月正式投入使用。该太阳能发电厂是由美国 BrightSource 能源公司、NRG 能源公司和谷歌公司共同参与的新能源项目,占地约 14.2 平方千米,其中设立的超过 17.3 万块太阳能板能够产生 392 兆瓦的电量,占美国现有太阳能发电总量的 30%,可以满足附近 14 万户美国家庭的用电需求。

风能

风能是因空气流动做功而产生的一种可利用的能量,属于可再生能源。空气流动具有的动能称为风能。空气流速越高,动能越大。人们可以用风车把风的动能转化为风车旋转的动能去推动发电机,以产生电力。据估计,到达地球的太阳能中虽然只有大

图 6-12　风力发电

约 2% 转化为风能，但其总量仍是十分可观的。全球的风能约为 1300 亿千瓦，是地球上可开发利用的水能总量的 10 倍。

现在世界上最大的新型风力发电机组已在夏威夷岛建成运行，其风力机叶片直径为 97.5 米，重 144 吨，风轮迎风角的调整和机组的运行都由计算机控制，年发电量达 1000 万千瓦时。据美国能源部统计，至 1990 年，美国风力发电已占总发电量的 1%。瑞典、荷兰、英国、丹麦、德国、日本、西班牙也根据各自情况制订了相应的风力发电计划。如瑞典 1990 年风力机的装机容量已达 350 兆瓦，年发电 10 亿千瓦时。

我国甘肃酒泉市建立了我国第一个千万千瓦级超大型风电基地，这是我国最重要的风电基地。此外，青藏高原、山东、辽东半岛、黄海之滨、内蒙古、新疆阿拉山口、河西走廊及张家口北部地区都是我国风能资源丰富的地区。

达坂城风力发电站在乌鲁木齐至吐鲁番的途中。沿路南行，在通往丝路重镇达坂城的道路两旁，上百台风力发电机擎天而立、迎风飞旋，与蓝天白云相衬，在博格达峰清奇峻秀的背景下，在广袤的旷野之上，形成了一个蔚为壮观的风车大世界。这里就是目前我国最大的风能基地——新疆达坂城风力发电厂。

潮汐能

潮汐能是海水周期性涨落运动中所具有的能量。其水位差表现为势能，其潮流的速度表现为动能。这两种能量都可以利用，是一种可再生能源。由于在海水的各种运动中潮汐最具规律性，又涨落于岸边，也最早为人们所认识和利用，在各种海洋能的利用中，潮汐能的利用是最成熟的。

朗斯潮汐电站是世界上最大的潮汐电站，位于法国圣马洛湾朗斯河口。站址平均潮差 10.85 米，最大潮差 13.5 米，地基良好。

图 6-13　潮汐能

生物质能

生物质能是太阳能以化学能形式贮存在生物质中的能量形式，即以生物质为载体的能量，直接或间接地来源于植物的光合作用。生物质能可转化为常规的固态、液态和气态燃料，取之不尽、用之不竭，是一种可再生能源，也是唯一一种可再生的碳源。

沼气是一种混合物，主要成分是甲烷，是由生物质能转化的一种可燃气体。沼气是有机物质在厌氧（没有氧气）条件下，经过微生物的发酵作用而生成的一种混合气体。人畜粪便、秸秆、污水等各种有机物在密闭的沼气池内，在厌氧条件下发酵，即被种类繁多的沼气发酵微生物分解转化，从而产生沼气。通常可以供农家用来烧饭、照明。由于这种气体最先是在沼泽中发现的，所以称为沼气。

图6-14　沼气发电

碳中和

2020年9月22日，中国政府在第75届联合国大会上提出："中国将提高国家自主贡献力度，采取更加有力的政策和措施，二氧化碳排放力争于2030年前达到峰值，努力争取2060年前实现碳中和。"

什么是碳中和

碳中和是指全球、国家、城市、企业或个人在一定时间内通过植树造林、节能减排等方式，以抵消自身产生的二氧化碳或温室气体排放量，达到相对"零排放"。

目前苏里南与不丹已经实现了碳中和，瑞典等六个国家已将实现碳中和的时间写入法律，还有部分国家正对碳中和进行立法，包括中国在内的多个国家已经宣布了相关政策。

为什么要碳中和

根据世界气象组织发布的《2020年全球气候状况》报告，2020年全球平均气温较工业化前水平高出1.2℃左右，二氧化碳浓度已超过410ppm（ppm意为"百万分之一"，这里指二氧化碳在大气中的体积分数）。联合国环境规划署的《2021年排放差距报告》指出，如果按照目前世界各国的减排措施，至21世纪末全球平均气温将上升2.7℃。气候变化带来的极端天气事件频发、物种灭绝、海平面上升、农作物减产等重大风险，严重威胁人类的可持续发展和生存。

针对全球变暖状况，第21届联合国气候变化大会上，195个国家谈判代表签署通过了新的气候系统保护协议——《巴黎协定》。《巴黎协定》以尽快使全球温室气体排放总量达到峰值为目标，并在21世纪下半叶实现温室气体中性，即人类活动所导致的温室气体排放与吸收在总量上要达到平衡，同时把全球气候目标设立为：

到 21 世纪末，将全球平均温升保持在相对于工业化前（1850—1900 年）水平 2℃以内，并为全球平均温升控制在 1.5℃以内付出努力，以降低气候变化的风险与影响。联合国政府间气候变化专门委员会（IPCC）于 2018 年发布的《全球升温 1.5℃特别报告》指出，实现 1.5℃的温升控制目标有望避免气候变化给人类社会和自然生态系统造成不可逆转的负面影响，而这需要各国共同努力，在 2030 年实现全球净人为二氧化碳排放量比 2010 年减少约 45%，在 2050 年左右达到净零。

对于中国而言，实施碳达峰、碳中和行动对自身发展和经济转型也有着重大的意义。低碳发展理念的提出本质在于提高生活质量、增进人民福祉，相比之下，传统发展模式不仅带来不可持续的环境危机，还面临发展目的与手段的本末倒置。绿色转型发展也将创造新的需求，催生新的产业，节能环保、清洁能源等绿色行业将迎来新的发展机遇。

怎样低碳生活

低碳生活，就是要在生活中衣食住行等方面尽力减少所排放的温室气体，实现低碳减排。由于居民产生的碳排放主要包括生活中能源消费造成的直接碳排放以及生活中消费产品和服务造成的间接碳排放，因此，推进"减碳"不仅要关注供给侧，还应关注居民消费领域的碳排放。特别是随着工业化、城镇化的加速推进，消费导致的居民生活碳排放不断提升，如果在衣食住行等方面践行低碳消费理念，对实现"双碳"目标大有裨益。

　　据测算，每年中国人均碳排放量约 8.2 吨，居民生活碳排放量约占总排放量的 40%。随着经济的发展，居民生活碳排放占比有越来越高的趋势，绿色生活的方式变得越来越重要。居民能为碳达峰做些什么？绿色生活方式的践行、绿色消费习惯的培养、消费行为的改善，以及低碳饮食、杜绝浪费、节能环保……在日常生活中，居民可以从身边小事做起，通过一些细节习惯的改变，就能够有效减少碳排放，比如：走楼梯上下一层楼，减排约 0.218 千克二氧化碳；骑行自行车 3 千米，减排约 0.15 千克二氧化碳；少用 10 双一次性筷子，减排约 0.2 千克二氧化碳；节约用电，少用 1 千瓦时电，减排约 0.785 千克二氧化碳；节约用水，少用 1 吨自来水，减排约 0.91 千克二氧化碳；绿色出行，每少用 1 升汽油，减排约 2.7 千克二氧化碳……

第 7 章

3S 技术

3S 技术的发展

3S 技术是遥感技术（Remote Sensing，RS）、地理信息系统（Geographic Information System，GIS）和全球定位系统（Global Positioning System，GPS）的统称，是空间技术、传感器技术、卫星定位与导航技术、计算机技术和通信技术相结合，多学科高度集成的对空间信息进行采集、处理、管理、分析、表达、传播和应用的现代信息技术。

RS 主要用于快速获取目标及其环境的信息，发现地表的各种变化，及时对 GIS 进行数据更新；GIS 是 3S 技术的核心部分，通过空间信息平台，对 RS 和 GPS 及其他来源的时空数据进行综合处理、集成管理及动态存取等操作，并借助数据挖掘技术和空间分析功能提取有用信息，使之成为决策的科学依据；GPS 主要用于目标物的空间实时定位和不同地表覆盖边界的确定。

数字地球的应用就是典型的 3S 集成应用。数字地球可以充分地利用有关地球的所有信息（关于我们星球的各种环境和文化现象信息），以促进社会进步和经济发展。数字地球的应用可以划分为全球层、国家层、区域层三个层次。全球层是指以整个地球为对象，主要包括全球气候变化、全球植被与土地利用、全球土地覆盖变化、全球生物多样性变化、全球海平面及海洋环境变化、全球地形变化及地壳运动（地震）、全球经济发展水平监测与评估等。国家层是指以一个国家为对象，包括对资源、环境、经济、社会、人口的动态监测与分析，尤其是对农作物种植面积、长势及估产、洪涝、干旱、火灾、虫害等的监测，交通及经济状况监测等。区域层是指以城市、集镇、农村、社区为对象，包括信息化带动传统产业改造和升级、经济社会发展态势、管理和服务等。目前，数字地球、数字中国、数字城市、数字流域等研究在我国已蓬勃开展，并取得了显著的成就。数字地球极大地方便了人们的生活。大众可以在数字地球上学习、购物、参观、旅游，也可以穿越时间和空间的范围，领略不同的风土人情、文学艺术、自然景观等。总之，数字地球对我们社会生活的各方面产生了巨大的影响。

图 7-1　数字地球

遥感

  遥感，就是遥远地感知。人类通过大量的实践，发现地球上每一个物体都在不停地吸收、发射和反射信息和能量，其中有一种人类已经认识到的形式——电磁波。不同物体的电磁波特性是不同的。遥感就是根据这个原理来探测地表物体对电磁波的反射和其发射的电磁波，从而提取这些物体的信息，完成远距离识别物体的任务。

  例如，大兴安岭森林火灾发生的时候，消防指挥官面对着熊熊烈火担心不已。如果这时候正好有一个载着热红外波段传感器的卫星经过大兴安岭上空，传感器将拍摄到大兴安岭方圆上万平方千米的影像。因为着火的森林在热红外波段比没着火的森林辐射更多的电磁能量，在影像中着火的森林就会显示出比没有着火的森林更亮的浅色调。当影像经过处理，交到消防指挥官手里时，消防指挥官看到图像上发亮的范围这么大，而消防员只是集中在一个很小的区域，说明火情逼人，必须马上调遣更多的消防员到不同的地点参加灭火战斗。

图 7-2　卫星

上面的例子说明了遥感的基本原理和过程。除了利用了不同物体具有不同的电磁波特性这一基本特征外，还利用了遥感平台，上述例子即卫星，它的作用就是稳定地运载传感器。除了卫星，常用的遥感平台还有飞机、气球等；当在地面试验时，还会用到诸如三脚架这样简单的遥感平台。传感器就是安装在遥感平台上探测物体电磁波的仪器。人们已经研究出很多种传感器，探测和接收物体在可见光、红外线和微波范围内的电磁辐射。传感器会把这些电磁辐射按照一定的规律转换为原始图像。原始图像被地面站接收后，要经过一系列复杂的处理，才能提供给不同的用户使用。综上所述，遥感技术是指从高空或外层空间接收来自地球表层各类地物的电磁波信息，并通过对这些信息进行扫描、摄影、传输和处理，从而对地表各类地物和现象进行远距离探测和识别的现代综合技术。

经过 30 多年的探索，遥感应用已从静态发展到动态、从区域发展到全球、从地面发展到太空。其技术动态主要表现在多遥感器、高分辨率、多角度、多时相上。航空、航天遥感一直是发达国家力争的科技制高点。据不完全统计，迄今为止，美国、俄罗斯、法国、中国、印度、加拿大、日本、德国、意大利等国的人造卫星总数已超过 2000 颗，其中遥感卫星超过 500 颗，全球大型地面遥感卫星接收站超过 100 个。光谱分辨率高达纳米级，商品化遥感影像地面分辨率高达米级，雷达图像实现了多波段、多极化，遥感采集的数据极为丰富。我国已经发射了 68 颗卫星，其中科学技术卫星 10 颗，气象卫星 5 颗，资源卫星 1 颗，返回式遥感卫星 17 颗，获取了高分辨率的全景摄影图像；建立了多个遥感卫星地面接收站，能够接收和处理 Landsat TM、SPOT 和 RADARSAT 等卫星图像数据；建立了许多气象卫星接收台站，接收和处理 NOAA 及静止气象卫星等数据；建立了中、低空高效机载对地观测组合平台和大量的地面观测台站。

无人机遥感

无人机遥感，就像是在无人机上，安装一台功能强大的照相机，通过分析图像获得想要的数据。例如，当我们进行土地规划时，为了了解用地情况，若采用地面测量，工程量非常巨大，而使用无人机遥感技术，从空中拍摄图像，就可以清晰地看到地面植被、河流、建筑物等情况，通过分析这些图像，就能够得到这一区域的土地资源信息。

在这里，很多人可能会陷入一个误区，认为无人机遥感的主要作用就是"低空拍照"，从空中拍下照片进而获取有效信息。实际上，无人机遥感并不只是"低空拍照"这么简单，它的真正作用是将信息从图像中提取出来并加以应用。例如，在农情监测中，无人机配合遥感系统联合作业，从低空拍摄农田的影像，并将影像实时传输到计算机，农场主通过分析影像资料，便可以发现杂草、灌溉、病虫害、施肥等情况，并以此为依据，有针对性地进行农田管理。

作为一种低空遥感，无人机遥感并不是单一的技术，它是以无人飞行器为遥感平台，以数字遥感设备为任务载体，以遥感数据快速处理系统为技术支撑，高机动、低成本、自动化地快速获

图 7-3　无人机遥感影像

取地理资源环境等空间遥感信息，完成遥感数据采集、处理和应用分析的技术。利用无人机遥感技术，我们可以高精度地从空间观测角度获取丰富的基础数据，并且通过对这些资料的整理和分析，为农业、林业、地质、海洋、气象、水文、环保等领域提供参考。

遥感应用

　　随着无人机、卫星等航空航天技术的发展，遥感也越来越多地被人们加以利用。遥感信息处理技术已能进行多时相、多数据源的融合分析，并且由静态分析发展到动态监测，借助高速计算机和专家系统的支持，已能对环境、资源等进行定量分析、自动成图。

　　遥感可用于植被资源调查、气候气象观测预报、作物产量估

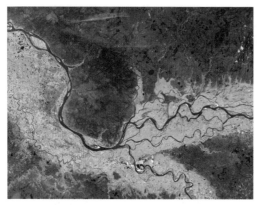

图 7-4　遥感卫星拍摄的植被

测、病虫害监测、环境质量监测、交通线路网络与旅游景点分布等方面。在利用遥感获取的图像上，可以直接统计房屋的数量、面积、分布等，方便民生调查；利用遥感获取城市的实时风向、风速等，预测大气状况。遥感图像能反映水体的色调、形态、纹理等特征的差别，根据这些影像，一般可以识别水体的污染源、污染范围、面积和浓度。

地理信息系统

　　生活中，我们常常会面临这样的问题：选择哪条路线到达目的地的距离最短？如何在综合考虑到达超市、学校、公司、公园等设施的便利程度后，挑选一处合适的住宅？在过去的一年里，某县的土地利用情况发生了怎样的变化？城市规划中如何才能合理地布置地下管线？对于某一类疾病的患病人口，在空间上呈现怎样的分布？在一次伴随有大风的森林火灾中，火势将如何发展？

　　这类问题，都与地理环境及其地理过程密切相关。要回答上述问题，就需要访问多维的（x，y，z 空间坐标，t 时间坐标）、大容量的地理信息。

　　GIS 是一种专门管理地理信息的计算机软件系统，其特点是系统存储和处理的信息是经过地理编码的，地理位置及与该位置有关的地物属性信息是信息检索的重要部分。在地理信息系统中，现实世界被表达成一系列的地理要素和地理现象，这些地理特征至少由空间位置参考信息与非位置信息两个部分组成。通过系统对这两类信息的特有管理方式，在它们之间建立双向对应关系。地理信息系统利用计算机把所有的信息逼真地再现到地图上，使信息可视化，清晰直观地表现出信息的规律和分析结果，同时还

图 7-5　GIS 平台软件

能在屏幕上动态地监测信息的变化。目前国内比较流行的 GIS 平台软件有 ArcGIS、SuperMap、MapGIS 等。

GIS 现已在资源调查、数据库建设与管理、土地利用及其适宜性评价、区域规划、生态规划、作物估产、灾害监测与预报、精确农业等方面得到广泛应用。作为对遥感技术和全球定位系统的扩展，GIS 最为广泛的应用就是时空大数据分析。例如，对不同时期的人群密度进行监测，据此对警卫人员在不同时段进行合理的布防，以防止突发状况的发生；可以对道路的拥挤程度进行分析，便于人们选择合理的出行路线。新冠肺炎疫情时期，通过分析重点疫区患病人口的出行数据，预测疫情可能涉及的区域，有效实施防控措施。

空间分析

空间分析是基于地理对象的位置和形态的空间数据的分析技术，其目的在于提取和传输空间信息。空间分析是 GIS 的主要特征，也是 GIS 的核心，特别是对空间隐含信息的提取和传输能力，是 GIS 区别于一般信息系统的主要方面，也是 GIS 一个主要评价指标。

自从有了地图，人们就自觉或者不自觉地进行着各种类型的空间分析。比如，在地图上测量地理要素的面积、之间的距离，以及利用地图进行战术研究和战略决策，等等。随着现代科学技术的进步，尤其是计算机技术引入地图学和地理学，GIS 开始孕育、发展。以数字形式存在于计算机中的地图，向人们展示了更为广阔的应用领域。利用计算机分析地图、获取信息，支持空间决策，成为 GIS 的重要研究内容，"空间分析"这个词语也就成为这一领域的一个专业术语。

空间分析，配合空间数据的属性信息，能提供强大、丰富的空间数据查询功能。因此，空间分析在 GIS 中的地位不言而喻。

一般来说，空间分析包括以下内容：

1. 空间数据描述

空间实体间存在着多种空间关系，包括拓扑、顺序、距离、方位等关系。通过空间关系查询和定位空间实体是 GIS 不同于一般数据库系统的功能之一。如查询满足下列条件的城市：在京九线的东部，距离京九线不超过 200 千米，城市人口大于 100 万人并且居民人均年收入超过 1 万元。整个查询计算涉及空间顺序方位关系（京九线的东部），空间距离关系（距离京九线不超过 200 千米），甚至还有属性信息查询（城市人口大于 100 万人并且居民人均年收入超过 1 万元）。

2. 空间量算

对于线状地物求长度、曲率、方向，对于面状地物求面积、周长、形状、曲率，求几何体的质心、空间实体间的距离等，具体应用包括缓冲区分析、叠加分析等。

缓冲区分析：所谓缓冲区就是地理空间目标的一种影响范围或服务范围。用邻近度描述地理空间中两个地物距离相近的程度，其确定是空间分析的一个重要手段。交通沿线或河流沿线的地物的特殊地理位置，公共设施的服务半径，大型水库建设引起的搬迁，铁路、公路以及航运河道对其所穿过区域经济发展的影响程度，等等，均是邻近度问题。缓冲区分析是解决邻近度问题的空间分析工具之一。在建立缓冲区时，缓冲区的宽度并不一定是相同的，可以根据要素的不同属性特征，规定不同的缓冲区宽度，以形成宽度可变的缓冲区。例如，以事故现场为中心，以 20 米为半径画圆，其内为处理事故的警戒区；以河流为基线，向两侧各 50 米划界，作为景观规划带。总之，缓冲区以点、线为基点或基线，以某距离为半径划界。距离可以根据欧几里得距离（两点之间的直线距离）、时间、运费等等来确定。

叠加分析：太阳能发电厂的选址需要综合考虑几个因素，包括太阳能法向直射辐射分布的强度和面积、土地价格、水、居住地和交通线远近等。将全国太阳能法向直射辐射图、土地价格图、水资源分布图、人口分布图、交通图等 GIS 图层统一投影，设定比例尺和格式等，进行叠加；根据太阳能发电技术经济模型，输入叠加后图层的有关属性，计算不同厂址的净利润，画出利润等值线图，据此估算我国太阳能发电的市场范围和利润。

大部分 GIS 软件是以分层的方式组织地理景观，将地理景观按主题分层提取，同一地区的整个数据层集表达了该地区地理景观的内容。地理信息系统的叠加分析是将有关主题层组成的数据层面进行叠加，产生一个新数据层面的操作，其结果综合了原来两层或多层要素所具有的属性。叠加分析不仅包含空间关系的比较，还包含属性关系的比较。叠加分析可以分为以下几类：视觉信息叠加、点与多边形叠加、线与多边形叠加、多边形叠加、栅格图层叠加。

3. 探索性空间分析

20世纪后半叶，在西方统计界兴起的探索性数据分析技术，即基于让数据说话的理念，尽可能不预先为数据结构设置模式，而是通过显示关键性数据和使用简单的指标来得出模式，利用归纳的方式提出假设，避免野值或非典型观测值的误导。从20世纪90年代开始，探索性数据分析技术逐渐被地学工作者认可并引入地理信息科学。

探索性空间分析一般作为空间分析的先导，进行数据清洗、变量筛选、提示模型选择、检验假设等。实现手段是利用一系列软件，描述和显示空间分布，识别非典型空间位置（空间表面），发现空间关联模式，提出不同的空间结构及空间不稳定性的其他模式。空间数据挖掘是探索性空间分析的重要手段，试图从空间数据中抽取隐含的空间模式和特征。目前常用的空间数据挖掘技术有空间数据数理统计、聚类分析和规则发现等。

空间分析技术是GIS得以广泛应用的重要技术支撑之一。例如，在区域环境质量现状评价工作中，可将地理信息与大气、土壤、水、噪声等环境要素的监测数据结合在一起，利用GIS软件的空间分析模块，对整个区域的环境质量现状进行客观、全面的评价，以反映出区域中受污染的程度以及空间分布情况。通过叠加分析，可以提取该区域内大气污染分布图、噪声分布图；通过缓冲区分析，可显示污染源影响范围等。可见，GIS和空间分析技术必将发挥越来越广泛和重要的作用。

地理计算

广义地看，地理计算是以计算机方法为基本科学工具，处理地理信息和分析地理现象的地理学分支，包括地理信息处理与管理、地理数据挖掘、地理过程建模模拟以及支持这些处理与分析的软件工程和计算体系研究，如地理信息系统、地理决策支持系统和空间网格体系。它是地理信息科学的另一种说法，外延包括数量地理学、遥感、地理信息系统、建模模拟和计算体系。

狭义地看，地理计算是地理信息科学的核心内容之一，主要研究地理信息科学的方法学问题，包括算法、建模和计算体系。一般情况下采用狭义定义，而且不过分强调空间，以免造成自然地理的一些分析脱离地理计算。地理计算并非等同于地理信息科学，而是作为它的核心和非空间扩张。

虚拟现实

虚拟现实技术（Virtual Reality，VR）是一种可以创建和体验虚拟世界的计算机仿真系统。它利用计算机生成一种模拟环境，体验者可以沉浸到该环境中，进行听觉、视觉、触觉等多重交互，就像身处真实的场景中。虚拟现实主要包括模拟环境、感知、自然技能和传感设备等方面。模拟环境是由计算机生成的、实时动态的三维立体逼真图像。感知是指一切人所具有的感观，除视觉外，还有听觉、触觉、嗅觉和味觉等。自然技能是指人的头部、手势或其他人体行为动作，由计算机来处理与体验者的动作相对应的数据，对体验者的输入做出实时回应，并分别反馈到体验者的感观。传感设备是指用于交互的设备，如 VR 智能手套等。

虚拟现实还有很多重要的应用，例如用作理想的视频游戏设备，再结合人工智能，使游戏更具真实感、趣味性及难度。虚拟现实在室内设计方面的应用也很广泛，设计者可以完全按照自己的想法在虚拟空间中构建房屋，对房屋的结构、外形进行构思，并可以任意变换自己在房间中的位置，不断去观察设计的效果，直到满意为止。另外，虚拟现实在军事演练、工业仿真、应急推演、文物古迹、水文地质等方面也有很多应用。

图 7-6　虚拟现实产生的触觉

虚拟现实的发展前景十分广阔，在某种意义上，它将改变人们的思维方式，甚至会改变人们对自身、世界、空间和时间的看法。通过虚拟现实，我们可以与大西洋底的鲨鱼嬉戏，参观非洲大陆的野生动物园，感受古战场的硝烟与刀光剑影……我们无须亲身前往，社会的发展和技术的创新使这一切在世界的任何地方都可以体验。

全球导航卫星系统

全球导航卫星系统（Global Navigation Satellite System，GNSS）是利用一组卫星的伪距、星历、卫星发射时间、用户时间差等观测量，以此为地球表面或近地空间的任何地点的用户提供全天候的三维坐标和速度以及时间信息的空基无线电导航定位系统。如果要知道某地的经纬度和高度的话，那么，必须收到4颗卫星信号才能准确定位。

卫星导航定位技术目前已基本取代了地基无线电导航、传统大地测量和天文测量导航定位技术，并推动了大地测量与导航定位领域的全新发展。当今，GNSS系统不仅是国家安全和经济的基础设施，也是体现现代化大国地位和国家综合国力的重要标志。由于其在政治、经济、军事等方面具有重要的意义，世界主要军事大国和经济体都在竞相发展独立自主的卫星导航系统。2007年4月14日，我国成功发射了第一颗北斗导航卫星，标志着世界上第4个GNSS系统进入实质性的运作阶段，目前美国GPS、俄罗斯GLONASS、欧盟GALILEO和中国北斗卫星导航系统4大

GNSS 系统已建成。除了上述 4 大全球系统外，还包括区域系统和增强系统，其中区域系统有日本的 QZSS 和印度的 IRNSS，增强系统有美国的 WAAS、日本的 MSAS、欧盟的 EGNOS、印度的 GAGAN 以及尼日利亚的 NIG-GOMSAT-1 等。未来几年，卫星导航系统将进入一个全新的阶段。用户将面临 4 大 GNSS 系统近百颗导航卫星并存且相互兼容的局面。丰富的导航信息可以提高卫星导航的可用性、精确性、完备性以及可靠性，但与此同时也得面对频率资源竞争、卫星导航市场竞争、时间频率主导权竞争以及兼容和互操作争论等诸多问题。

图 7-7　导航卫星

全球卫星导航广泛应用于军事、民用交通（船舶、飞机、汽车等）导航、大地测量、摄影测量、野外考察探险、土地利用调查、精准农业以及日常生活（人员跟踪、休闲娱乐）等不同领域。其中，我们最为熟悉的就是利用 GPS 来进行导航，导航仪根据输入的起点和目的地来计算得到最佳路线，例如常用的百度地图、谷歌地图等。全球卫星导航应用于农业，可以为无人机农药喷洒提供位置导航，这是未来精准农业中必不可少的一部分。

图 7-8　卫星导航

中国北斗系统

北斗卫星导航系统是我国正在实施的自主发展、独立运行的全球卫星导航系统。它是一项旨在为全球用户提供全天候、全天时、高精度的定位、导航和授时服务的国家重要空间基础设施，已于 2012 年底面向亚太地区提供服务。我国是世界上第三个正式运行卫星导航系统服务的国家。

目标是建成独立自主、开放兼容、技术先进、稳定可靠的覆盖全球的北斗卫星导航系统，促进卫星导航产业链形成，形成完善的国家卫星导航应用产业支撑、推广和保障体系，推动卫星导航在国民经济和社会各行业的广泛应用。

北斗卫星导航系统由空间段、地面段和用户段三部分组成。空间段包括 5 颗静止轨道卫星和 30 颗非静止轨道卫星；地面段包括主控站、注入站和监测站等若干个地面站；用户段包括北斗用户终端以及与其他卫星导航系统兼容的终端。

让我们通过以下几个问题来回顾北斗卫星导航系统的发展历史：北斗卫星导航系统究竟有什么过人之处？它和 GPS 有什么异同？卫星定位的原理是什么呢？人类是如何开始发展这种导航系统的呢？

第一代导航系统：子午仪

如果回溯历史，我们会发现很多科技发展都来源于军用转民用。

军事优先，是直到 20 世纪 80 年代还被世界各国普遍接受的理念，所以最先进的技术都首先给军队使用，军队的需要就是最重要的科研方向。

20 世纪的美苏冷战，两个超级大国之间的争夺，是当时世界不得安宁的根源。两国都储存了大量导弹，导弹发射基地都在陆地上，容易被对方发现定位，一旦被先发制人，导弹基地会被摧毁，那仗就没法打了。

最好的方法是核潜艇，核潜艇是移动的导弹发射基地，它在深水区一待就是几个月，而且全世界任何海底都可以去，这样谁也找不到，也就无法攻击。实际上，美苏之间没有打起来，跟无法全面摧毁对方的导弹发射基地是有关系的。

然而一个问题是，核潜艇哪里都能去，谁也找不着，但是走远了，也容易迷路，如果不知道自己的精确位置，那纵使知道打击目标的精确位置，也没办法进行攻击。

为了解决这个问题，美国开发了"子午仪"导航卫星系统，也是 GPS 的前一代。这个卫星系统最重要的功能，是为核导弹提供精确的定位，此外，还可为核潜艇和水面舰艇做导航之用，也可以做一些大地测量。从 20 世纪 60 年代到 80 年代初，一共发射了 30 多颗"子午仪"卫星。第一颗是"子午仪 1B"号，用来进行试验鉴定，结果证明卫星导航可行。

"子午仪"卫星可为全球任何地方的水下潜艇、水面船只、地面车辆和空中飞机等用户提供服务，用户每隔一个半小时左右，就可以接收每颗卫星以 150 兆赫与 400 兆赫频率连续播送的无线电信号。地球上的用户根据发送的信号，可以确切地知道卫星在太空轨道上的位置。然后根据多普勒效应，用计算机就能确定地球上运动体（如潜艇等）所在的位置。

多普勒是个什么效应呢？简而言之，就是远离或者靠近波源的时候，波的频率会改变。比如火车的鸣笛声，火车离你远去，

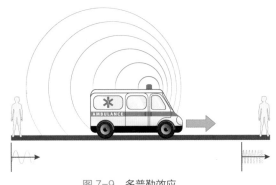

图 7-9　多普勒效应

鸣笛声频率变低，火车向你奔来，鸣笛声频率变高，这就是多普勒效应。就"子午仪"卫星导航而言，用户通过计算收到的频率和正常的频率之间的差，可以知道自己的所在位置。

地球上的用户，利用"子午仪"导航卫星发送的无线电信号来确定自己所在的位置，一颗卫星的定位精度为 20 ～ 50 米。如果同时收集数颗卫星的数据，然后进行平均计算，可以把定位误差减到最小，这样就可以把定位精度提高到米级。

"子午仪"导航系统开创了人类卫星导航的时代，它可以全天候导航，导航信号覆盖全球，让全世界都清晰地认识到了卫星导航的必要性。

然而，不能连续导航对于用户而言是个大问题。对于一个固定地点，"子午仪"系统完全够用了，但是对于航行在水中的潜艇，很多时候就无法知道自己的确切位置了。至于天上的飞机，那就更没法用了，在两次导航定位的时间间隔内，飞机的飞行距离可达 1000 千米以上，这样的定位根本毫无意义。显然，"子午仪"这套系统需要更新换代。

GPS

为了解决"子午仪"的问题，美国国防部于 20 世纪 70 年代投资 100 亿美元，开发了新的 GPS 导航系统，从 70 年代到 90 年代，一共耗资 300 多亿美元。

比起前一代，GPS 可谓是脱胎换骨，它可以提供实时移动导航，舰船、飞机都可以用，而且还能提供高精度的数据。因为其功能强大，所以一直沿用到今天。

GPS 的发展大约经历了三个阶段。

第一阶段从 1973 年到 1979 年，是论证和初步设计阶段，共发射了 4 颗试验卫星。第二阶段从 1979 年到 1984 年，是全面研制和试验阶段，陆续发射了 7 颗试验卫星，实验表明，GPS 定位精度远远超过设计标准。第三阶段为实用阶段，1989 年，第一颗 GPS 工作卫星发射成功，到 1993 年底，实用的 GPS 网建成。

GPS 是军民合用的系统，但它一开始是为军队设计的，无法民用。1983 年，一架民航客机由于没有精确导航，飞行偏离航线，结果被苏联军队当作敌机而打了下来，之后美国开放了 GPS 的民用，只是针对军用和民用提供不同的定位精度。一开始军用为 3 米，民用信号增加了干扰机制，使精度下降到 100 米。后来，GPS 在普通民众的生活中发挥越来越重要的作用，所以美国政府在 2005 年取消了 GPS 的干扰机制，使民用信号的精度提高到了 5 米，大大方便了人们的使用，也为现在 GPS 的普及奠定了基础。

GPS 系统如此精确，它的原理是什么呢？

第一，我们要知道卫星的位置。卫星在天上飞，怎么知道卫星的具体位置呢？这就要设计好卫星的轨道，然后连续不断地监测卫星的运行状态，适时发送控制指令，保证卫星在正确的轨道运行。卫星的运行轨迹叫星历，卫星将信号发送给 GPS 接收机，对照星历，就可知道卫星的准确位置。

第二，我们要知道卫星和用户的相对距离。GPS 接收机计算卫星信号之间的间隔时间，乘上光速，就是准确的距离了。这里面还有一个问题，就是卫星时间和用户时间是有差异的，所以卫星上必须有精密的原子钟来矫正时间，不然时间如果不准确，就无法知道相对距离是多少了。而且这样的好处是，GPS 不光能指出位置，还能指出时间。

第三，GPS 卫星的位置为已知，而我们又能准确测定用户所在地点 A 和卫星之间的距离，那么 A 点一定是位于以卫星为中心、所测得距离为半径的圆球上。

第四，再找一颗卫星，重复上面的过程。A 点依然是位于一个圆球上。但是由于有两颗卫星，那就有了两个不同的圆球，圆球相交的地方，是一个圆环，所以 A 点在这个圆环上。

第五，再找一颗卫星，又得到一个球，这个球和原来的圆环相交的地方，就剩下两个点了。A 点就在这两个点中的一个上。经过计算，会发现有一点在地心或者太空里，而另一点在地表，那 A 点就是在地表的那个点了。

第六，其实还需要一颗卫星。三颗卫星能告诉你你在哪里，第四颗是用来矫正误差的。同时接收到四颗卫星的信号，基本上你就不会迷路了。

了解了 GPS 的定位原理，其他卫星导航系统的运行原理，包括欧盟的 GALILEO、俄罗斯的 GLONASS，还有我国的北斗，就都可以明白了。虽然每个系统运行原理有细微的区别，但总归都需要几颗卫星才能准确定位。

为什么我们一定要开发北斗系统？

"两弹一星"工程中的"一星"，就是指人造卫星。中国人造卫星的历史可以追溯到 1958 年。那一年，毛主席做出"我们也要搞人造卫星"的指示，于是研制人造卫星成为 1958 年的第一号任务，代号"581"工程。1970 年 4 月，中国发射了第一颗人造卫星"东方红"，并向全世界播放《东方红》。

之后中国一直在研究通信和气象等各种卫星。由于定位系统造价太高，费时太长，所以我国并不是很重视。

转折点是在 1990 年的海湾战争。

海湾战争是现代史上最重要的战争之一，它是美国几十年间科技力量的总体现，空中力量第一次发挥了决定性作用。

海湾战争爆发时，美国 GPS 系统还未完全建成，一般的导航还是靠陆地上的无线电，但美国军方提前将其投入使用。当时美军的导航卫星，只有 15 颗，每天提供 15 小时的服务。还不成熟的 GPS 系统，也显示出强大的威力，在中东茫茫的沙漠中，GPS 为美军提供了精确定位服务，对战争的胜利起到重要作用。

另外，在美军的高密度空袭中，GPS 为数百架战机提供精确导航，从攻击到隐身到寻找目标，都靠着 GPS。

20 世纪 80 年代初，陈芳允院士就提出要做中国自己的 GPS，用两颗卫星定位（由于只有两颗卫星，所以要知道自身的海拔，让地心当第三颗卫星，这样才能定位）。但是成本太高，一直被搁置。在海湾战争之后，这个项目被紧急提上日程，几经波折，终于发展成了现在的北斗二代导航系统。

中国独立研发北斗，要花费巨额资金。美国的 GPS 是免费使用的，这是由其技术特点决定的。GPS 跟电视塔类似。电视塔只管发射信号，到底有 1 台电视机还是 1 万台电视机在接收，电视塔是不知道的。GPS 系统亦是如此，24 颗工作卫星只管不停地向地面发信号，具体是谁在接收使用这些信号，它并不知道，既然不知道，也就无法收费。

但是如果我们在中国的军事系统上安装美国的 GPS，后果将无法预料。美国 GPS 开放的只是民用码，定位精度比美国军方使用的军用码差了 10 倍。而且美国还有技术干扰 GPS 系统，让你认错路。一旦有战争之虞，美国若把 GPS 民用码也停掉，那后果就不堪设想了。因此，中国需要大力发展自己的定位导航系统。

中国开发北斗系统任重而道远。第一代北斗只有两颗星，效果和 GPS 相差较远，定位不精确，接收器笨重，价格也很高，但是达到了实验目的和既定目标。北斗一代毕竟只有两颗星，怎么能和有几十颗卫星的 GPS 比呢？

到了北斗二代，中国打算打造一套自己完整的卫星定位系统了。其精度不低于 GPS，而且还能发短信，可以说是有优势的。整个系统计划由 35 颗卫星组成，包括 5 颗静止轨道卫星、27 颗中地球轨道卫星、3 颗倾斜同步轨道卫星。这么多卫星，预计要到 2020 年才能发射完毕。从 2012 年开始，北斗就开始了亚太地区的区域性服务。2016 年 6 月 12 日，我国在西昌卫星发射中心用长征三号丙运载火箭，成功发射了第 23 颗北斗导航卫星。该星属地球静止轨道卫星。卫星入轨并完成在轨测试后，与其他在轨卫星共同提供服务，进一步增强系统稳健性，强化系统服务能力，为系统服务从区域向全球拓展奠定坚实基础。

北斗系统应用

北斗和 GPS 共同使用可以显著提高精度。GPS 的核心区域是北美，亚太地区覆盖率只有 60% ~ 70%，如果加上北斗，可以提高到 80% 以上。

随着卫星数量的增多和技术的提高，北斗的应用越来越广泛，在交通、农业、工程建设等方面，北斗发挥着不可替代的作用。此外，北斗也是我国"一带一路"倡议的重要科技助力。

最典型的是海洋渔业，因为有优势的技术可以获得更大的市场。北斗不仅可以定位，还能让渔民们在茫茫大海上免费发送短信，极大地保障了出海的安全。截至 2012 年，北斗就已经向渔民们发送了 12500 多次气象警报，救助渔船 6 艘，旅游船 1 艘，渔民 27 人，游客 6 人，挽回经济损失几亿元。

北斗另一个大显身手的地方在于精确报时。前面介绍卫星定位原理的时候，说了定位需要精确的时间，所以卫星上的原子钟几百万年才会误差 1 秒。原来中国的金融、电力、通信、铁路等关键部门，都需要精准的时间，而对时经常要靠 GPS 的原子钟，这就是巨大的安全漏洞，等于是国民经济的命脉有一部分握在别人手里。现在用了北斗，不但授时精度更高，还保证了国家安全。

北斗可以发信息求救，那么在灾害救援的时候，北斗就可以大显身手。在 2008 年汶川地震的时候，救援部队配备了 1000 多台北斗机，在当时通信瘫痪的情况下，所有救援信息第一时间通过北斗传达各方，挽回了大量损失。

总之，北斗系统有自己不可替代的先天优势，正在一步一步地前进。而卫星导航的作用，远远不止一般的手机定位和车辆导航，一切智能产业都和时间、空间的信息密切相关，未来智能技术和北斗会有什么样的互动，让我们一起期待。

智能交通

随着遥感技术、地理信息系统、全球定位系统、传感器技术、通信技术和计算机技术的不断发展，智能交通逐渐成为未来交通的发展方向，21 世纪将是公路交通智能化的时代。智能交通系统是一种先进的一体化交通综合管理系统，在该系统中，车辆靠自己的"智能"在道路上自由行驶，公路靠自身的"智能"将交通流量调整至最佳状态，借助这个系统，管理人员将车辆的行踪、道路的状况掌握得一清二楚。

智能交通是多方面综合组成的，主要体现在交通管理、电子收费、交通信息服务、智能公路与安全辅助驾驶、运营管理等方面。交通管理主要是交通信息监测、交通执法、交通事件管理、交通环境状况监测与控制等，司机、交警等根据监测到的交通信息做出相应的判断，如司机绕道行驶、交警赶到现场处理事件；

电子收费就是当汽车通过收费通道时自动计费扣费；交通信息服务主要是针对出行的人，如在出行前或出行途中，为司机提供必要的交通信息，如道路拥挤等；智能公路与安全辅助驾驶主要包括安全辅助驾驶、自动驾驶等，这为司机的安全等提供了保障；运营管理主要是针对运营部门，包括公交运营管理、长途客运运营管理、地铁运营管理、出租车运营管理等。

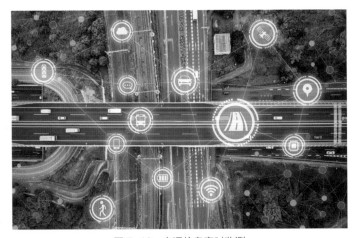

图 7-10　交通信息实时监测

智能交通的产生与发展是人类交通史上的一次变革。随着经济的增长、社会的进步，为满足人们日益增长的需求，大力开展智能交通的研发与应用是解决现有交通问题的必经之路。我国智能交通的起步虽然落后于美、日、欧等发达国家，但是目前我国的智能交通也取得了很多成就，在很大程度上缓解了路少车多的矛盾，从而提高了我国智能交通产业竞争力，促进了国家经济增长。

智能旅游

当父母带你出去旅游的时候，是否会为了先玩哪里后玩哪里而发愁？是否会为了乘坐什么样的交通工具而苦恼？这个时候就需要智能旅游来"智能"地解决这些问题。智能旅游是利用物联网等新技术，通过网络，借助便于携带的上网设备如手机、平板电脑等，及时获取关于旅游资源、旅游活动等方面的信息，及时安排和调整旅游计划，从而达到对各类旅游信息综合利用的效果。从游客的角度出发，智能旅游主要包括导航、导游、导览和导购（简称"四导"）四个基本功能。

导航，是让游客随时知道自己的位置，如 GPS 导航、基站定位、Wi-Fi 定位、地标定位等，未来还有图像识别定位。其中，GPS 导航的应用最为广泛，一般智能手机上都有 GPS 导航，有些笔记本电脑和平板电脑也具备这样的导航功能。智能旅游导航接入互联网，地图来源于互联网，而不是存储在终端上，无须经常对地图进行更新。当 GPS 确定位置后，最新信息也将主动地弹出，如交通拥堵状况、交通管制、交通事故、限行、停车场及车位状况等，并可直接查找其他相关信息。

图 7-11　手机导航图

导游，是给游客显示其所在位置周边的旅游信息，包括景点、酒店、餐馆、娱乐设施、车站等。如景点的级别、主要介绍等，酒店的星级、价格范围、剩余房间数等，餐馆的口味、人均消费、优惠活动等。智能旅游还支持在非导航状态下查找任意位置的周边信息，周边的范围大小可以随地图窗口的大小自动调节，也可以根据自己的兴趣点规划行走路线。

导览，相当于一个导游员。许多旅游景点规定不许导游高声讲解，而采用数字导览设备，需要游客租用这种设备，如故宫。智能旅游像是一个自助导游，但它可以提供比导游更多的信息资源，如文字、图片和视频等，戴上耳机就能让手机或平板电脑替代数字导览设备。

导购可以让游客随时随地预定自己需要的东西，如宾馆、景点门票等。我们只需在网页上点击自己感兴趣的对象，即可进入预订模块。而且便捷的网络支付平台，可以轻松制订和改变旅游行程，既不浪费时间和精力，也不会错过一些精彩的活动。

智能健康

智能健康是利用先进的物联网技术，实现患者与医务人员、医疗机构、医疗设备之间的互动。随着智能科技的发展，人们可以通过穿戴一些电子设备来监测自身健康状况，通过建立电子病历系统，我们在全国各个医院都可以查看自己的病历记录，还可以提醒人们及时用药、及时健身等，完成全民健康信息化。智能应用在健康领域有非常广阔的前景，人工智能和健康的结合是以后发展的趋势。

随身携带的智能血压计是生活中最常见的智能健康设备之一，实时监测用户的血压，当血压过低或过高会发出提醒。还有我们常用的健康手环，通过佩戴健康手环可以记录我们每天

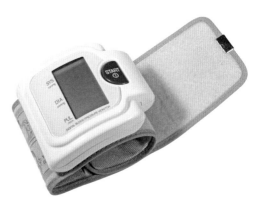

图 7-12　便携式血压计

的运动消耗、睡眠质量等参数，并通过蓝牙参数同步到手机上，用户在手机上随时查看，以便制订更好的运动及休息计划。医院也可以通过大量的病例数据建立一定的模型，结合人工智能，将患者的症状信息输入电脑中，电脑根据模型，可以为医生提供做诊断时所需要的信息，从而帮助医生更好地诊断病情，当然人工智能不会代替医生来做临床的判断，决定权依然在医生手中。人工智能之所以能够做出正确的判断，是因为我们给它提供了大量的训练数据，它能从中选出相似的模型。但一些有争议的病例，专家所持的态度也会不同，这种情况下一定要靠人来判断。

在不久的将来，医疗行业将融入更多人工智慧、传感技术等

高科技，使健康服务走向真正意义的智能化，推动健康服务的繁荣发展。在中国新医改的大背景下，智能健康正走进寻常百姓的生活。

随着 3S 技术的不断发展，将遥感技术、地理信息系统和全球定位系统紧密结合起来的 3S 一体化技术也显示出广阔的应用前景。以 RS、GIS、GPS 为基础，将这三种独立技术中的有关部分有机结合，构成一个强大的技术体系，可实现对各种空间信息和环境信息的快速、机动、准确、可靠的收集、处理与更新。